装配式整体叠合结构成套技术

三一筑工科技有限公司　著

中国建筑工业出版社

图书在版编目（CIP）数据

装配式整体叠合结构成套技术/三一筑工科技有限公司著. —北京：中国建筑工业出版社，2018.10
ISBN 978-7-112-22745-7

Ⅰ. ①装… Ⅱ. ①三… Ⅲ. ①装配式混凝土结构 Ⅳ. ①TU37

中国版本图书馆 CIP 数据核字（2018）第 219784 号

本书全面、系统地介绍了装配整体式混凝土叠合结构体系。全书共分为 8 章，包括：概述，装配整体式混凝土叠合结构，装配整体式混凝土叠合结构（SPCS）设计，装配整体式叠合结构（SPCS）预制构件生产，装配整体式混凝土叠合结构（SPCS）施工，装配整体式叠合结构（SPCS）体系成本分析，BIM 在 SPCS 结构体系中的应用，发展展望。本书内容精炼，实用性强，可供装配式建筑行业的从业人员参考使用。

责任编辑：王砾瑶　范业庶
责任校对：姜小莲

装配式整体叠合结构成套技术
三一筑工科技有限公司　著
*
中国建筑工业出版社出版、发行（北京海淀三里河路 9 号）
各地新华书店、建筑书店经销
霸州市顺浩图文科技发展有限公司制版
北京建筑工业印刷厂印刷
*
开本：787×1092 毫米　1/16　印张：8¾　字数：176 千字
2018 年 10 月第一版　　2018 年 11 月第二次印刷
定价：**39.00** 元
ISBN 978-7-112-22745-7
（32852）

本书编委会

序　言

装配式建造方式是传统建筑业转型升级的重要手段，也是建筑企业从劳动密集型向智力密集型、从手工劳动为主向智能建造转变的手段和工具。自 2016 年以来国务院、住房城乡建设部及各省市相继颁布有关政策和文件，大力推行装配式建筑。应该说，中国的装配式建筑迎来了快速发展的历史机遇。

为了响应国家号召，从大学到科研院所，从设计院到施工企业，从房地产企业到基金投资公司等，纷纷投入到装配式建筑的研发、设计、装备生产和技术推广应用中来，也涌现出了不少专门从事装配式建筑相关产业的专业化公司。

三一筑工科技有限公司作为三一集团的全资子公司，凭借装备制造的优势，秉承"品质改变世界"的理念，把装备制造业与传统建筑业进行跨界融合，组织力量研发了"装配式整体叠合结构成套技术"，从设计理论、结构体系、专业装备、生产制造、专业化施工等方面进行了系统研发。在装配式建筑结构体系方面，创新发展了混凝土叠合结构形式，通过叠合墙、叠合柱、叠合板、叠合梁等构件实现了竖向结构和水平结构的整体叠合；在生产装备方面，研发了柔性焊接网片机、钢筋成笼机和叠合柱成型专有装备；在专业化施工方面也有不少突破，编制了装配式整体混凝土叠合结构施工工法，施工更加便捷、高效。

与其他装配式建筑结构体系和配套技术相比，有不少创新和突破。其中，采用焊接钢筋网片和机械成型钢筋笼，工业化程度大大提高，现场钢筋的绑扎量减少 60%以上；混凝土叠合柱的研发成功，使混凝土叠合结构体系从剪力墙叠合结构体系发展到框架、框剪等系列混凝土叠合结构体系，拓展了装配式建筑应用领域。

总之，三一筑工所著的《装配式整体叠合结构成套技术》一书，从设计、装备、生产、施工四个维度系统介绍了装配式整体叠合混凝土结构的应用实践，为装配式建筑的推广和应用提供了一个良好选择。相信三一筑工研发的 SPCS 结构体系能为业界提供技术参考，也能为我国的装配式建筑推广做出新的贡献！

前 言

2016年《中共中央国务院关于进一步加强城市规划建设管理工作的若干意见》指出，利用十年的时间，将我国新建建筑中装配式建筑比例提高至30%左右，装配式建筑行业迎来了新的发展机遇。

装配式建筑技术是引领建筑行业全面改革升级的新型建造方式，它集成了工业化、数字化、智能化等多个领域的优秀科技，突破性的整合了建筑行业的各个环节，从而改变了传统建筑行业的生产方式，实现了建筑行业的创新升级和可持续发展。

装配式建筑结构技术是传统建造方式转变的基础，为此，三一筑工科技有限公司组织进行了混凝土叠合结构技术的研究，通过理论研究、装备研发、构件试验、工程示范等方式，创新完成了“装配整体式混凝土叠合结构体系”（以下简称SPCS）。

SPCS采用竖向叠合与水平叠合于一体的整体叠合结构形式，利用混凝土叠合原理，把竖向叠合构件（柱、墙）、水平叠合构件（板、梁）、墙体边缘约束构件（现浇）等通过现浇混凝土结合为整体，充分发挥了预制混凝土构件和现浇混凝土的优点。

SPCS构件轻、工厂化程度高；连接方式便捷、可靠；施工简单、快速；综合成本与现浇结构持平或略低；预制率可达50%、装配率可达90%，具有良好的推广前景！

本书较为详细地介绍了SPCS体系的概念及特点，从结构设计、生产装备、构件生产、现场施工、BIM应用等方面系统阐述了SPCS的建造方法，为实现“天下建筑更好、更快、更便宜”提供了新的思路和途径！

借此感谢三一建筑设计研究本院的马钊、王景龙、陈明、司建超，三一筑工筑造本部曹计栓、王洪强、张杨、王磊，三一快而居的黄勃、王晓君、吴名陵、严杰，中国建筑科学研究院田春雨、李然，北方工业大学纪颖波等为三一装配式整体叠合结构成套技术研发所作出的贡献。书中难免有不足之处和错误，欢迎大家多提宝贵意见，共同为中国建筑业的转型发展而努力！

目　录

第1章 概　述

装配式建筑是一种以设计标准化、构件部品化、施工机械化、管理信息化为特征，整合设计、生产、施工、运营和维护全产业链，实现建筑产品节能、环保、全生命周期价值最大化的可持续发展的新型建筑形式。推动装配式建筑产业化是实现建筑业“四节一环保”和“两提两减”升级转型的内在要求，符合国家新型城镇化和供给侧改革新政策，也是创建“环境友好型、资源节约型”新型社会的可靠途径。

《中共中央国务院关于进一步加强城市规划建设管理工作的若干意见》要求，“积极推广应用绿色新型建材、装配式建筑和钢结构建筑，力争用10年左右时间，使装配式建筑占新建建筑比例达到30%”，因此，发展装配式建筑已成为推动社会经济发展的国家发展战略。《装配式混凝土建筑技术标准》GB/T 51231—2016、《装配式木结构建筑技术标准》GB/T 51233—2016、《装配式钢结构建筑技术标准》GB/T 51232—2016，三大装配式建筑国家标准已于2017年6月1日正式实行，为装配式建筑行业的蓬勃发展提供了可靠理论依据。传统的装配式钢结构已经具有完善的工业化技术；木结构虽然技术相对简单，但由于国情所限大部分区域不适合，在装配式建筑行业中较少应用；装配式混凝土建筑成为我国最为普遍的装配式建筑形式，也是整个建筑工业化发展的主要方向之一。

目前，我国通过多年的实践研究已经形成了系统性的装配式混凝土建筑体系，主要包括装配整体式混凝土框架结构体系、装配整体式混凝土剪力墙结构体系和装配整体式混凝土框架-现浇剪力墙结构体系等。本文所述装配整体式叠合结构体系既是我国装配式结构体系的集成创新，也是装配式结构体系发展的必然趋势。

1.1 装配式建筑结构体系的发展

1.1.1 我国装配式建筑的发展历程

1. 起步阶段

自20世纪50年代起我国开始发展装配式建筑技术，通过学习借鉴西方发达国家经验向前不断摸索。初步建立了装配式建筑技术体系，推行出工厂化生产、标准化设计、装配式施工的建造方式。我国装配式建筑发展初期，主要应用在内浇外挂住宅、大板住宅、框架轻板住宅等体系之中，形成了住宅标准化的设计概念，编制了标准图集及标准设计方法。

2. 持续发展阶段

20世纪80年代末，随着建筑业多元化发展，原有的装配式建筑产品已远远不能满足需求，同时由于当时的技术受限，装配式建筑的抗震性、结构整体性、隔声、保温等问题也显现出来，装配式建筑迎来了巨大挑战。与此同时，随着商品混凝土的快速推进，现浇建筑方式逐步显现优势，装配式建筑的发展受到了制约。但是，我国的装配式建筑探索和前进的步伐始终没有停止，住房城乡建设部住宅产业化促进中心及一些先进城市，始终在不断发展和推广装配式建筑。到1999年，住房城乡建设部住宅产业化促进中心推动建设了一批国家住宅产业化示范基地，开辟了新的城市探索发展道路工作思路，装配整体式建筑也因此走上了快速发展的道路。

3. 全面发展阶段

2015年至今，装配式建筑进入全面发展的阶段，科学技术的进步开始满足装配式建筑的发展，行业内生动力也逐渐增强，随着《中共中央国务院关于进一步加强城市规划建设管理工作的若干意见》(中发［2016］6号)、《关于大力发展装配式建筑的指导意见》(国办发［2016］71号）等一系列国家政策措施的发布，为装配式建筑发展提供了及时有力的政策支持。

1.1.2 国外装配式建筑的发展历程

西方发达国家发展装配式建筑已经超过一百年，相关的技术、管理等已接近完善，日本、美国、欧洲国家由于政治、人文、环境等因素不同，装配式建筑的发展也各有不同。日本以框架、木结构体系为主，抗震性能优先。从1968年开始引入产业化住宅理念，于1963年预制建筑协会组建，再到1990年采用工业化、部件化生产方式发展，日本住宅产业不断从专业化、标准化、工业化走向集约化、信息化，逐步完善着装配式建筑的发展。美国装配式住宅房屋结构体系大多采用钢结构、木结构。1976年，美国设立法案和规范严格控制装配式建筑质量，建立相关质量验证制度以保证产品质量。由于产品部件齐全且质量过关，当地居民可放心通过产品目录购买需要的产品。欧洲的装配式建筑发展主要起源于“二战”之后。由于“二战”期间房屋破坏较为严重，欧盟推动一系列建筑标准化的规程、规则使得欧洲国家装配式建筑发展迅速，实现了标准化、专业化、工业化。此外，欧盟强调要走绿色低碳且可持续发展的建筑工业化道路。

1.2 装配式混凝土结构体系

1.2.1 装配式混凝土结构体系概述

装配式混凝土结构体系是指先由工厂生产混凝土预制构件，将预制构件运输到施工现场进行装配。装配构件的方法大多为钢筋锚固后浇混凝土、现场后浇叠合层混凝土连接等，大多使用焊接、机械连接、套筒灌浆连接等方法连接钢筋。装配式混凝土结构体系根据装配化程度大小及连接方式，分为全装配式混凝土结构体系和装配整体式混凝土结构体系两类。

装配整体式混凝土结构是指由预制混凝土构件或部件通过钢筋、连接件或施加预应力加以连接并现场浇筑混凝土、水泥基灌浆料形成整体受力的装配式混凝土结构。

全装配式混凝土结构即装配式中全部构件采用预制形式，节点位置采用灌浆连接等处理方式的装配式混凝土结构。

1.2.2　装配整体式混凝土结构体系

装配整体式混凝土结构体系和现浇结构体系相似，主要可分为框架结构体系、剪力墙结构体系及框架-剪力墙结构体系三大类，各种结构体系的选择可根据具体工程的高度、平面、体型、抗震等级、设防烈度及功能特点来确定。

1. 装配整体式混凝土框架结构体系

框架结构体系是利用梁、柱组成的纵横两个方向的框架形成的结构体系。装配整体式混凝土框架结构体系由部分或全部的框架梁、柱、板使用预制构件装配而成。此体系可以同时承受水平荷载和竖向荷载。预制装配整体式混凝土框架结构中构件之间的连接方式主要是指梁与柱在节点处的连接、柱与柱的连接及梁和板的连接。框架结构体系的墙体并不起到承重作用，而是用来围护和分隔，大多采用预制构件组成。

它的优势在于可以灵活布置建筑平面，可提供尽量多的建筑空间，方便处理建筑立面等。其主要缺点为横向刚度较小，当楼层较高时，容易产生较大的侧移，非承重构件如装饰、隔墙等破损进而影响整体效果。

2. 装配整体式混凝土剪力墙结构体系

装配整体式混凝土剪力墙结构是部分或全部采用预制承重墙板，运输到施工现场，通过可靠的方式进行连接的剪力墙结构。通过水平和竖向有效的连接方式来保证连接而成的整体，具有可靠传力机制，并满足变形要求和承载力的剪力墙结构结构体系。主要有装配整体式混凝土剪力墙、单面叠合剪力墙、双面叠合剪力墙三种做法。

3. 装配整体式混凝土框架-现浇剪力墙结构体系

装配整体式混凝土框架-现浇剪力墙结构是由现浇剪力墙和装配式混凝土框架结构一同承受水平与竖向荷载的结构，现行行业标准《装配式混凝土结构技术规程》JGJ 1—2014 要求该结构体系中剪力墙采用现浇方式，最大使用高度与现浇框架-剪力墙结构一致，适用于高层和超高层的建筑，见图 1-1。

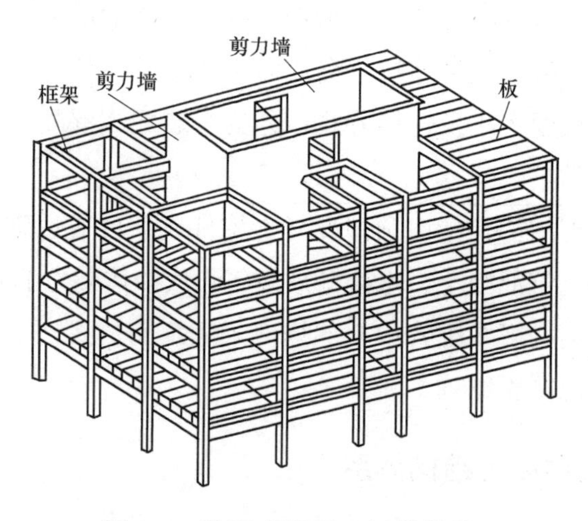

图 1-1　装配式混凝土框剪结构

1.3　装配式建筑发展趋势

分析总结发达国家发展装配式建筑的实践和发展规律，可以对我国发展装配式建筑提供很好的经验和方向。在我国目前大力发展装配式建筑的大背景下，因地制宜，结合国家政策及各地方政府的需求，率先在保障性住房中采用装配式建造技术，并迅速扩大产业规模，待技术体系发展成熟后，逐渐运用在住宅以外的其他建筑项目中；在高抗震烈度地区，积极学习和采用创新双皮墙体系，以保证抗震性能；使预制构件与机电、建筑、装修一体化发展，充分发展产业链饱和度，大集团企业起带头作用引领行业技术发展，颁布相应的企业规程和标准，带动中小型专业性公司发展，形成大小企业共同持续发展的产业链体系；以社会化、市场化发展为主，与行业协会和政府部门等紧密合作，完善标准体系和技术体系以及管理体系，促进装配式建筑项目在工程中的实践；根据装配式建筑行业的专业技能要求，选拔建立具有专业水平和技能的队伍，推进整体产业链人才队伍的形成；着重发展预制构件生产智能化、自动化技术的应用，在机械手摆模脱模、一体化智能化吊运、全过程信息化的自动加工等耗费人力方面实现技术上的突破，不断完善。

综上所述，装配式建筑是我国建筑行业未来发展的趋势，必将对装配式结构体系的设计研发、装备制造水平、施工技术水平提出越来越高的要求。

第 2 章　装配整体式混凝土叠合结构

2.1　装配整体式混凝土叠合结构（SPCS）

2.1.1　装配整体式混凝土叠合结构（SPCS）概述

混凝土叠合结构以预制部分的钢筋混凝土或预应力钢筋混凝土梁（板）结构承受施工荷载期间并以其为混凝土浇筑模板，待其上现浇混凝土达到设计强度后，再由预制部分和现浇部分形成的整体叠合截面承受使用荷载。

与一般的预制装配式结构相比，采用混凝土叠合结构可以明显提高建筑的整体刚度和抗震性能，同时有着构件重量轻、便于运输、现场安装简便快速、施工质量可靠等优点。对比现浇混凝土结构，混凝土叠合结构可以很大程度的减少支模板作业量，尤其是高空或其他困难条件下，提高施工效率，节省模板材料，提高经济效益。

SPCS 采用竖向叠合与水平叠合于一体的整体叠合结构形式，利用混凝土叠合原理，把竖向叠合构件（柱、墙）、水平叠合构件（板、梁）、墙体边缘约束构件（现浇）等通过现浇混凝土结合为整体，充分发挥了预制混凝土构件和现浇混凝土的优点。

SPCS 结构体系构件包括叠合柱、叠合梁、叠合楼板、叠合剪力墙。该体系的最大特点是实现了竖向结构和水平结构的整体叠合，实现构件生产的工厂化，连接方式便捷、可靠，施工简单、快速。

2.1.2　装配整体混凝土叠合结构（SPCS）竖向构件

1. 混凝土双面叠合剪力墙

（1）混凝土双面叠合剪力墙是指由内外两层预制墙和中间的空腔组成安装带格构钢筋（焊接钢筋网片，焊接成笼）的预制墙板，施工过程中将混凝土浇筑在两层板中间，随后浇筑节点处，与预制墙板共同受力。混凝土双面叠合剪力墙相比传统预制墙板主要有以下优点：

（2）双面叠合剪力墙可同时将保温板与外叶墙板一次性预制复合，从而实现保温节能一体化、外墙装饰一体化（图 2-1）。

（3）双面叠合剪力墙可减少约 50%的自重，便于构件运输，吊装。同时，因构件自重显著减轻，可预制较长、较大墙板，减少墙板拼缝。

（4）双面叠合剪力墙内叶板与外叶板四周无出筋，便于自动化生产与现场安装。

2. 混凝土叠合结构叠合柱

混凝土叠合柱在工厂中集成化、按模数生产，由纵筋和箍筋围合，通过四周预制混凝土层形成中心上下贯通的预制柱。预制叠合柱之间钢筋通过直螺纹套筒、挤压套筒或其他专用套筒机械连接，无套筒灌浆工序，有效保证了施工质量。同时配合相应施工工艺，可生产双层叠合柱，进一步提高施工效率（图 2-2）。

图 2-1　双面叠合剪力墙

图 2-2　叠合柱

2.1.3　混凝土结构水平叠合构件

1. 混凝土叠合梁

混凝土叠合梁由现浇和预制两部分组成。预制部分由工厂生产完成，运输到施工现场进行安装，再在叠合面上与叠合板共同浇筑上层混凝土，使其形成连续整体构件。预制叠合梁的主要断面形式有 U 形、倒 T 形和方形（图 2-3、图 2-4）。

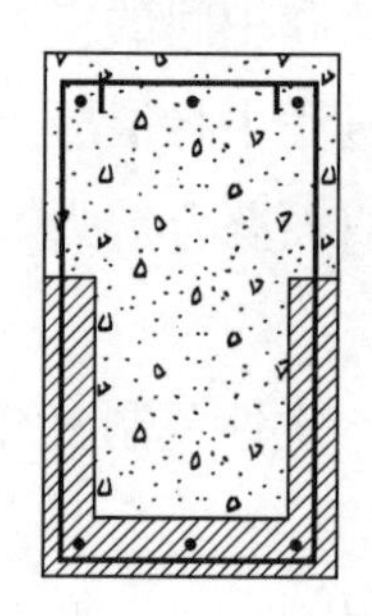

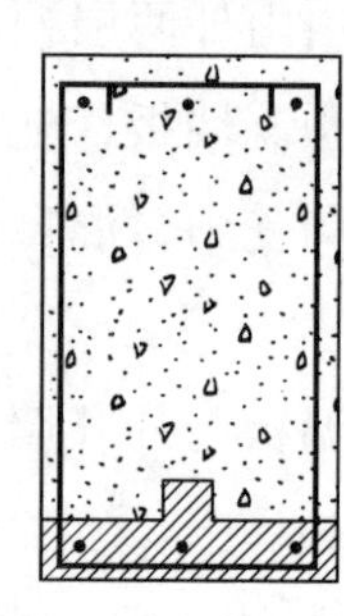

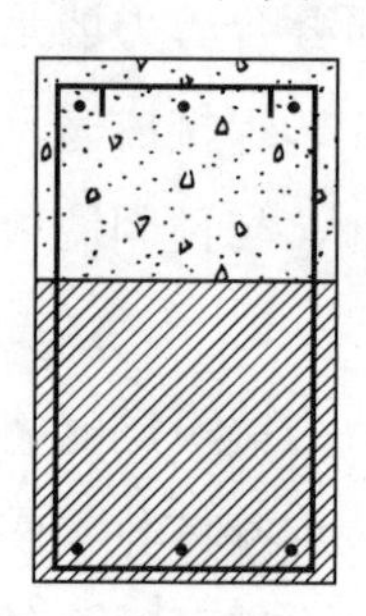

图 2-3　叠合梁截面形式

图 2-4　叠合梁

2. 混凝土叠合楼板

混凝土叠合楼板包括预制混凝土叠合板、预应力混凝土 SP 板（图 2-5）。混凝土叠合楼板和叠合梁相似，由现浇和预制两部分组成。生产叠合楼板时设置有桁架钢筋，使预制板与现浇板有效的连接；同时，将预制板叠合面处理成粗糙面，增加抗剪力，使现浇混凝土与预制部分更加有效地粘结。SP 空心板是一种混凝土预应力结构构件，该产品具有环保、节能、隔声、抗震、阻燃等特点，而且 SP 板延性好、临破坏前有较大挠度、板安全度高。

图 2-5　混凝土叠合板与预应力 SP 板

2.2　混凝土叠合结构原理

2.2.1　混凝土叠合结构的基本概念

混凝土叠合结构最初是为了解决全预制结构吊装能力不足，或者是为了解决现浇整体结构现场浇筑混凝土时施工模板支撑困难，或占用工期较长等施工问题而发展起来的。一般是指在预制的钢筋混凝土或预应力混凝土梁板上后浇混凝土所形成的两次浇筑混凝土结构，按其受力性能可以分为“一次受力叠合结构”和“二次受力叠合结构”两类。

图 2-6 所示为典型的混凝土叠合结构节点，若施工时预制底板吊装就位后，在其下设置可靠的支撑，施工阶段的荷载将全部由支撑承受，预制底板只起到叠合层现浇混凝土模板的作用，待叠合层现浇混凝土达到强度之后拆除支撑，由浇筑后形成的叠合板承受使用期的全部荷载，叠合板整个截面的受力是一次发生的，从而构成了“一次受力叠合板”。

图 2-6　混凝土叠合结构节点示意图

若采用预应力 SP 板，则施工时预制 SP 板吊装就位后，不加支撑，直接以预制底板作为现浇层混凝土的模板并承受施工时的荷载，待其上的现浇层混凝土达到设计强度之后，再由预制部分和现浇部分形成的叠合板承受使用荷载，叠合板整个截面的应力状态是由两次受力产生的，便构成了“二次受力叠合板”。

2.2.2　混凝土叠合结构的优缺点

从制作工艺上看，由工厂制造叠合结构的主要受力部分，机械化程度较高，质量满足要求，采用流水作业生产速度快，并且可提前制作，不占工期，而且预制部分的模板可以重复利用。现浇混凝土以预制部分作模板，较全现浇结构可减少支模工作量，改善施工现场条件，提高施工效率。同时，因叠合构件自重较普通预制构件有较大幅度减轻，可在不增加吊装施工机具的情况下，增加构件长度，减少连接节点。

比较全装配式结构，因叠合结构体系的墙体连接暗柱、预制梁支座处均为现场浇筑混凝土，可提高结构的抗震性能和整体刚度。从实验结果上看，双面叠合剪力墙、叠合柱、叠合板与叠合梁经过科学的结构拆分设计均能接近现浇结构的力学性能，可采用等同现浇的结构计算方法进行计算。

长期的工程实践结果和科学实验表明，混凝土结构工程中采用叠合结构有着很好的效益，当结构采用高强钢筋时，钢筋用量可大大降低。当结构采用空腹预制截面时，还可以节省混凝土、模板用量，工期时长缩短。

装配式混凝土叠合结构的基本构件一般为双面叠合墙、叠合楼板、叠合柱和叠合梁，截面由预制混凝土截面和后浇混凝土截面组成，新旧叠合面的抗剪性能决定了它们的工作性能。由此可见，混凝土叠合结构的设计要求更高，涉及工作量更大，与此同时，也对混凝土叠合结构的工厂生产和现场施工技术提出了更高的要求。

2.3　装配整体式混凝土叠合结构（SPCS）的创新

装配整体式混凝土叠合结构（SPCS）较普通装配式混凝土结构具有如下几处创新：

（1）SPCS 竖向结构和水平结构全部采用了叠合结构，尤其是创新采用的叠合柱，使混凝土叠合框架结构和叠合框架剪力墙结构成为现实。

（2）经查新，本体系中采用钢筋焊接网片和成型钢筋笼的剪力墙体系、采用整体成型叠合柱的叠合框架体系和叠合剪力墙体系均属于首创。

（3）结构体系全部构件自重更轻：SPCS 结构体系通过融合叠合柱、叠合梁、双面叠合墙、叠合板，相比较传统实心预制柱、墙与叠合楼板、梁的组合方式，主要受力构件均自重更轻，便于运输与吊装，对塔吊和其他起重设备的最大吊起重量要求较低。

（4）连接方式更加有效：常见的装配整体式混凝土结构竖向构件，采用灌浆套筒连接方式，此种方式难以保证注浆质量且无法后期检测，而装配整体式混凝土叠合结构（SPCS）构件连接均采用钢筋套筒机械连接或间接搭接，不设置预埋套筒，可有效解决灌浆套筒连接的质量隐患，从而保证施工质量。

（5）安全性更高：SPCS 结构体系外叶墙板全部采用预制，只需内页墙板板局部单侧支模，即可浇筑空腔与后浇节点混凝土，减少了高空作业，增加施工安全性。

第3章　装配整体式混凝土叠合结构（SPCS）设计

3.1　概述

3.1.1　体系构成

本体系是由焊接质量达到《钢筋焊接机验收规程》JGJ 18—2012 规定的焊接成型钢筋笼（图 3-1）及预制混凝土模壳组成预制构件，预制构件在现场快速拼装并连续浇筑混凝土形成的整体受力结构体系。

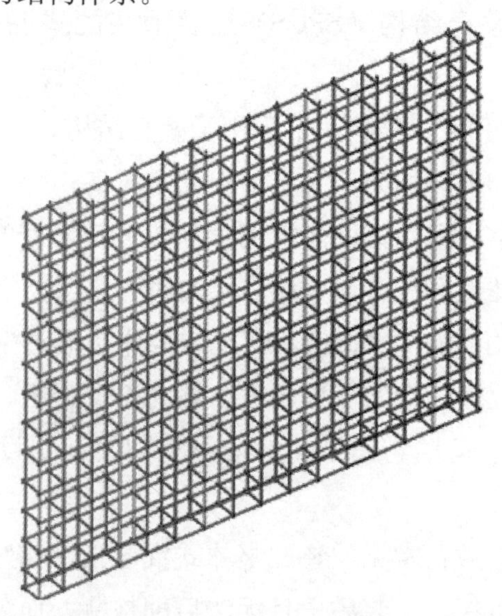

图 3-1　定型钢筋笼

3.1.2　SPCS 结构体系适用范围

SPCS 结构体系可用的结构形式　　**表 3-1**

序号	名称	定义	平面示意图	立体示意图	说明
1	框架结构	是由柱、梁为主要构件组成的承受竖向和水平作用的结构			适用于多层和小高层装配式建筑，是应用非常广泛的结构

续表

序号	名称	定义	平面示意图	立体示意图	说明
2	框架-剪力墙结构	是由柱、梁和剪力墙共同承受竖向和水平作用的结构			适用于高层装配式建筑，其中剪力墙部分一般现浇，在国外应用非常广泛
3	剪力墙结构	是由剪力墙组成的承受竖向和水平作用的结构，剪力墙与楼盖一起组成空间体系			适用于多层和高层装配式建筑，在国内应用较多
4	筒体结构（密柱＋剪力墙核心筒）	外围为密柱框筒，内部为剪力墙组成的结构			适用于高层和超高层装配式建筑，在国外应用较多
5	无梁板结构	是由柱、柱帽和楼板组成的承受竖向与水平作用的结构			适用于商场、停车场、图书馆等大空间建筑

3.1.3 SPCS 结构体系设计原理

本体系结构设计的基本原理是采用“等同原理”。也就是说，通过采用可靠的连接技术和必要的结构与构造措施，使 SPCS 结构体系与现浇混凝土结构的效能基本等同。

（1）实现等同效能，结构构件的连接方式是最重要最根本的。但并不是仅仅连接方式可靠就高枕无忧了，必须对相关结构和构造做一些加强或调整，应用条件也会比现浇混凝土结构限制得更严，具体内容在后面相关章节单独介绍。

（2）SPCS 结构体系设计特点

1）结构模型和计算是与现浇结构相同，仅对个别参数微调整。

2）配筋与现浇相同，只是在连接或其他个别部位加强。

3）钢筋连接部位每个构件同一截面内达到100%，而且每一个楼层的钢筋连接都在同一高度。

4）水平缝受剪承载力计算理论与现浇相同。

5）在混凝土预制与现浇的结合面设置粗糙面、键槽等抗剪构造措施。

6）钢筋采用焊接钢筋网片和成型钢筋笼，钢筋加工实现了高度工业化。

3.1.4 SPCS结构体系设计流程

SPCS结构体系设计阶段，应采用系统集成的方法统筹建设需求、设计、生产运输、施工安装的全过程，并应加强建筑、结构、设备、装修等专业之间的全专业协同，宜采用建筑信息化模型（BIM）技术，实现全专业、全过程的信息化管理。具体设计流程及设计界面如下：

1. SPCS体系整体设计流程（图3-2）

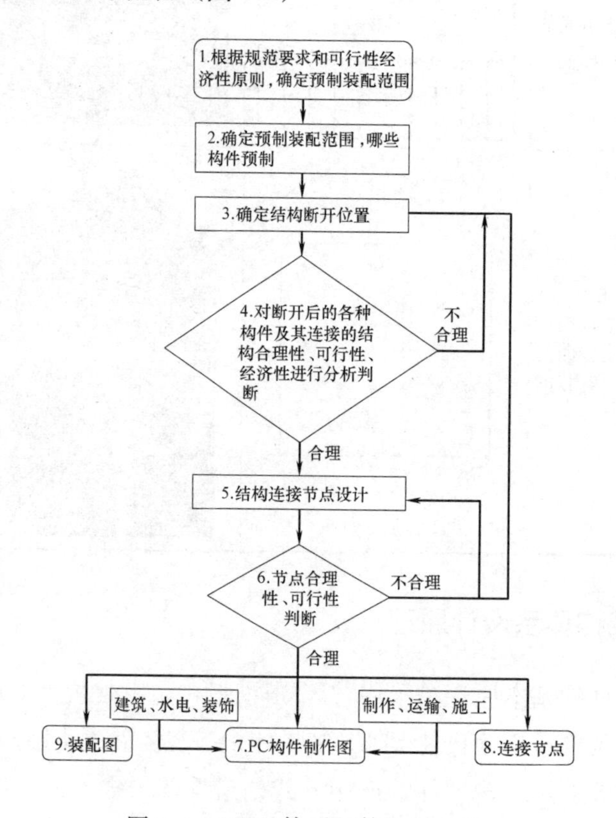

图3-2 SPCS体系整体设计流程

2. BIM构件设计流程（图3-3）

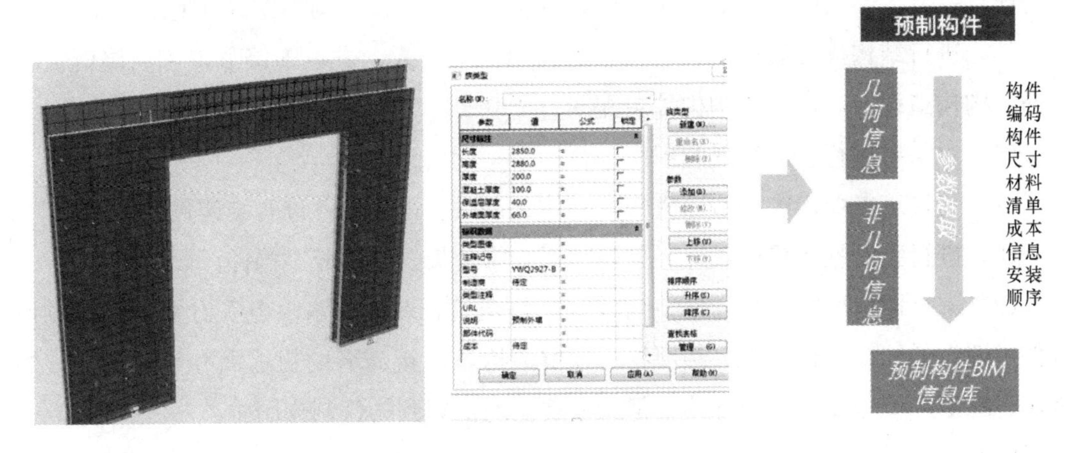

图 3-3　SPCS 体系整体设计流程

3.1.5　SPCS 结构体系设计内容

SPCS 结构体系设计不是按现浇混凝土结构设计完后，进行延伸与深化；绝不仅仅是结构拆分与预制构件设计；也绝不能任由拆分设计机构或 PC 构件厂家自行其是。

SPCS 结构体系设计虽然不是另起炉灶自成体系，虽然基本上也须按照现浇混凝土结构进行设计计算，以现行国家和行业标准《混凝土结构设计规范》GB 50010、《高层建筑混凝土结构技术规程》JGJ 3、《建筑抗震设计规范》GB 50011 等结构设计标准为基本依据，但有自身的结构特点，有一些不同于现浇混凝土结构的规定，这些特点和规定，必须从结构设计一开始就贯彻落实，并贯穿整个结构设计过程，而不是“事后”延伸或深化设计所能解决的。

整个设计过程按照先后顺序可分为：结构体系设计、装配方案设计、施工图设计、拆分设计、构件制作图设计等，其主要内容分别如下：

1. 主要内容

（1）根据建筑功能需要、项目环境条件，选定适宜的结构体系，即确定该建筑是框架结构、框-剪结构、筒体结构还是剪力墙结构。

（2）根据装配式行业标准或体系标准的规定和已经选定的结构体系，确定建筑最大适用高度和最大高宽比。

（3）根据建筑功能需要、项目约束条件（如政府对装配率、预制率的刚性要求）、装配式行业标准或地方标准的规定和所选定的结构体系的特点，确定预制范围，哪一层哪一部位哪些构件预制。

（4）在进行结构分析、荷载与作用组合和结构计算时，根据装配式行业标准或体系标准的要求，将不同于现浇混凝土结构的有关规定，如抗震的有关规定、附加的承载力计算、有关系数的调整等，输入计算过程或程序，体现到结构设计的结果上。

（5）进行结构拆分设计，选定可靠的结构连接方式，进行连接节点和后浇混凝土区的结构构造设计，设计结构构件装配图。

（6）对需要进行局部加强的部位进行结构构造设计。

（7）与建筑专业确定哪些部件实行一体化，对一体化构件进行结构设计。

（8）进行独立预制构件设计，如楼梯板、阳台板、遮阳板等构件。

（9）进行拆分后的预制构件结构设计，将建筑、装饰、水暖电等专业需要在预制构件中埋设的管线、预埋件、预埋物、预留沟槽，连接需要的粗糙面和键槽要求，将制作、施工环节需要的预埋件等，都无一遗漏地汇集到构件制作图中。

（10）当建筑、结构、保温、装饰一体化时，在结构图纸上表达其他专业的内容。例如，夹心保温板的结构图纸不仅有结构内容，还要有保温层、窗框、装饰面层、避雷引下线等内容。

（11）对预制构件制作、脱模、翻转、存放、运输、吊装、临时支撑等各个环节进行结构复核，设计相关的构造等。

2. 方案设计阶段结构设计内容

在方案设计阶段，结构设计师需根据SPCS结构的特点和有关规范的规定确定方案。方案设计阶段关于本体系的设计内容包括：

（1）在确定建筑风格、造型、质感时分析判断其影响和实现可能性。例如，采用SPCS体系的建筑不适宜造型复杂且没有规律性的立面；无法提供连续的无缝建筑表皮。

（2）在确定建筑高度时考虑SPCS体系最大适用高度的影响。

（3）在确定形体时考虑SPCS体系对建筑平立面要求的影响。

（4）考虑预制率或装配率的刚性要求。建筑师和结构设计师在方案设计时须考虑实现这些要求的做法。

3. 施工图设计

施工图设计阶段，结构设计涉及SPCS结构体系的内容包括：

（1）与建筑师确定预制范围，哪一层、哪个部分采用预制构件；

（2）因采用本体系而附加或变化的作用与作用分析；

（3）对构件接缝处水平抗剪能力进行计算；

（4）因采用本体系所需要进行的结构加强或改变；

（5）因采用SPCS结构体系所需要进行的构造设计；

（6）依据等同原则和规范确定拆分原则；

（7）确定连接方式，进行连接节点设计，选定连接材料；

（8）对夹心保温构件进行拉结节点布置、外叶板结构设计和拉结件结构计算，选择拉结件；

（9）对预制构件承载力和变形进行验算；

（10）将建筑和其他专业对预制构件的要求集成到构件制作图中。

4. 结构拆分设计

（1）拆分原则

SPCS结构拆分是设计的关键环节。拆分基于多方面因素：建筑功能性和艺术性、结构合理性、制作运输安装环节的可行性和便利性等。拆分不仅是技术工作，也包含对约束条件的调查和经济分析。拆分应当由建筑、结构、预算、工厂、运输和安装各个环节技术人员协作完成。

建筑外立面构件拆分以建筑艺术和建筑功能需求为主，同时满足结构、制作、运输、施工条件和成本因素。建筑外立面以外部位结构的拆分，主要从结构的合理性、实现的可能性和成本因素考虑。

拆分工作包括：

1）确定现浇与预制的范围、边界。

2）确定结构构件在哪个部位拆分。

3）确定后浇区与预制构件之间的关系，包括相关预制构件的关系。例如，确定楼盖为叠合板，由于叠合板钢筋需要伸到支座中锚固，支座梁相应地也必须有叠合层。

4）确定构件之间的拆分位置，如柱、梁、墙、板构件的分缝处。

（2）从结构角度考虑拆分

从结构合理性考虑，拆分原则如下：

1）结构拆分应考虑结构的合理性。如四边支承的叠合楼板，板块拆分的方向（板缝）应垂直于长边。

2）构件接缝选在应力小的部位。

3）高层建筑柱梁结构体系连接节点应避开塑性铰位置。具体地说，柱、梁结构一层柱脚、最高层柱顶、梁端部和受拉边柱，这些部位不应作为连接部位。日本鹿岛的装配式设计规程特别强调这一点。避开梁端塑性铰位置，梁的连接节点不应设在距离梁端范围内（为梁高）。见图3-4。

4）尽可能统一和减少构件规格。

5）应当与相邻的相关构件拆分协调一致。如叠合板的拆分与支座梁的拆分需要协调一致。

（3）制作、运输、安装条件对拆分的限制

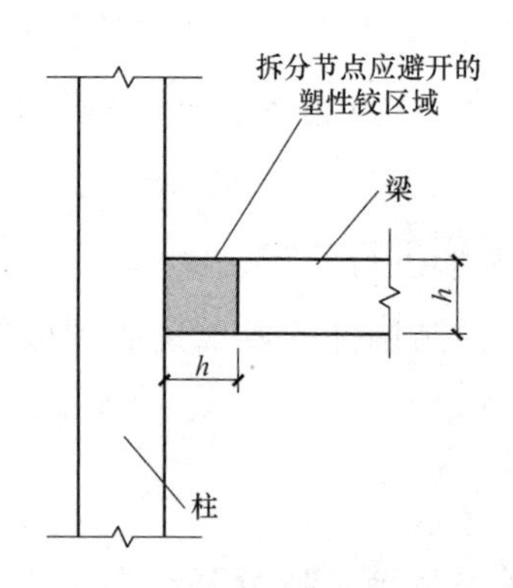

图 3-4 结构梁连接点避开塑性铰位置

从安装效率和便利性考虑，构件越大越好，但必须考虑工厂吊车能力、台模或生产线尺寸、运输限高限宽限重约束、道路路况限制、施工现场塔吊或吊车能力限制等。

1）重量限制

① 工厂吊车起重能力（工厂航吊一般为 12～24t）；

② 施工塔吊起重能力（施工塔吊一般为 10t 以内）；

③ 运输车辆限重一般为 20～30t。

此外，还需要了解工厂到现场的道路、桥梁的限重要求等。

数量不多的大吨位 PC 构件可以考虑大型汽车吊，但汽车吊的起吊高度受到限制。表 3-2 给出了工厂及工地常用起重设备对构件重量限制。

工厂及工地常用起重设备重量限制表　　　　表 3-2

环节	设备	型号	可吊构件重量	说明
工厂	桥式起重机	5t	4.2t(max)	要考虑吊装架及脱模吸附力
		10t	9t(max)	要考虑吊装架及脱模吸附力
		16t	15t(max)	要考虑吊装架及脱模吸附力
		20t	19t(max)	要考虑吊装架及脱模吸附力
工地	塔吊	QTZ80(5613)	1.3～8t(max)	可吊重量与吊臂工作幅度有关，8t 工作幅度是在 3m 处；1.3t 工作幅度是在 56m 处
		QTZ315 (S315K16)	3.2～16t(max)	可吊重量与吊臂工作幅度有关，16t 工作幅度是在 3.1m 处；3.2t 工作幅度是在 70m 处
		QTZ560 (S560K25)	7.25～25t(max)	可吊重量与吊臂工作幅度有关，25t 工作幅度是在 3.9m 处；9.5t 工作幅度是在 60m 处

2）尺寸限制

表 3-3 给出了运输对预制部品部件尺寸的限制。

预制部品部件运输限制表 **表3-3**

情况	限制项目	限制值	部品部件最大尺寸与质量			说明
			普通车	低底盘车	加长车	
正常情况	高度	4m	2.8m	3m	3m	
	宽度	2.5m	2.5m	2.5m	2.5m	
	长度	13m	9.6m	13m	17.5m	
	重量	40t	8t	25t	30t	
特殊审批情况	高度	4.5m	3.2m	3.5m	3.5m	高度4.5m是从地面算起总高度
	宽度	3.75m	3.75m	3.75m	3.75m	总宽度指货物总宽度
	长度	28m	9.6m	13m	28m	总长度指货物总长度
	重量	100t	8t	46t	100t	重量指货物总重量

说明：本表未考虑桥梁、隧洞、人行天桥、道路转弯半径等条件对运输的限值。

除了车辆限制外，还需要调查道路转弯半径、途中隧道或过道电线通讯线路的限高等。表3-4给出了工厂模台尺寸对PC构件的尺寸限制。

工厂模台尺寸对PC构件尺寸限制表 **表3-4**

PC工厂模台对PC构件最大尺寸的限制				
工艺	限制项目	常规模台尺寸	构件最大尺寸	说明
固定模台	长度	12m	11.5m	主要考虑生产框架体系的梁，也有14m长的但比较少
	宽度	4m	3.7m	更宽的模台要求订制更大尺寸的钢板，不易实现，费用高
	允许高度	—	没有限制	如立式浇筑的柱子可以做到4m高，窄高型的模具要特别考虑模具的稳定性，并进行倾覆力矩的验算
流水线	长度	9m	8.5m	模台越长，流水作业节拍越慢
	宽度	3.5m	3.2m	模台越宽，厂房跨度越大
	允许高度	0.4m	0.4m	受养护窑层高的限制

说明：本表数据可作为设计大多数构件时的参考，如果有个别构件大于此表的最大尺寸，可以采用独立模具或其他模具制作。但构件规格还要受吊装能力、运输规定的限制。

3）形状限制

一维线性构件和两维平面构件比较容易制作和运输，三维立体构件制作和运输都会麻烦一些。

4）构件制作图

① 预制制作图设计内容

预制构件制作图设计内容包括：

预制构件设计需汇集建筑、结构、装饰、水电暖、设备等各个专业和制作、堆放、运输、安装各个环节对预制构件的全部要求，在构件制作图上无遗漏地表示出来。

a. 制作、堆放、运输、安装环节的结构与构造设计与现浇混凝土结构不同，SPCS体系结构预制构件需要对构件制作环节的脱模、翻转、堆放；运输环节的装卸、支承；安装环节的吊装、定位、临时支承等，进行荷载分析和承载力与变形的验算。还需要设计吊点、支承点位置，进行吊点结构与构造设计。这部分工作需要对原有结构设计计算过程了解，必须由结构设计师进行或在结构设计师的指导下进行。

对制作、运输和堆放、安装等短暂设计状况下的预制构件验算，应符合现行国家标准《混凝土结构工程施工规范》GB 50666的有关规定。制作施工环节结构与构造设计内容包括：

a）脱模吊点位置设计、结构计算与设计；

b）翻转吊点位置设计、结构计算与设计；

c）吊运验算及吊点设计；

d）堆放支承点位置设计及验算；

e）易开裂敞口构件运输拉杆设计；

f）运输支撑点位置设计；

g）安装定位装置设计；

h）安装临时支撑设计等。

b. 设计调整

在构件制作图设计过程中，可能会发现一些问题，需要对原设计进行调整，例如：

a）预埋件、埋设物设计位置与钢筋“打架”，距离过近，影响混凝土浇筑和振捣时，需要对设计进行调整。或移动预埋件位置；或调整钢筋间距。

b）造型设计有无法脱模或不易脱模的地方。

c）构件拆分导致无法安装或安装困难的设计。

d）后浇区空间过小导致施工不便。

e）当钢筋保护层厚度大于50mm时，需要采取加钢筋网片等防裂措施。

f）当预埋螺母或螺栓附近没有钢筋时，须在预埋件附近增加钢丝网或玻纤网防止裂缝。

g）对于跨度较大的楼板或梁，确定制作时是否需要做成反拱。

（4）“一图通”原则

所谓“一图通”，就是对每种构件提供该件完整齐全的图纸。要让工厂技术人员从不同图纸去寻找汇集构件信息，不仅不方便，最主要的是容易出错。

例如，一个构件在结构体系中的位置从平面拆分图中可以查到，但按照“一图通”原则，就应当不怕麻烦再把该构件在平面中的位置画出示意图“放”在构件图中。

“一图通”原则对设计者而言不是鼠标点击一下“复制”图纸数量就会增加。对制作工厂而言，带来了极大的方便，也会避免遗漏和错误。预制构件一旦有遗漏和错误，到现场安装时才发现，就无法补救了，会造成很大的损失。

之所以强调“一图通”，还因为 PC 工厂不是施工企业，许多工厂技术人员对混凝土在行，对制作工艺精通，但不熟悉施工图纸，容易遗漏。

把所有设计要求都反映到构件制作图上，并尽可能实行一图通，是保证不出错误的关键原则。汇集过程也是复核设计的过程，会发现“不说话”和“撞车”现象。

每种构件的设计，任何细微差别都应当标示出来，要做到一类构件一个编号。

3.2　材料

3.2.1　混凝土

（1）SPCS 结构体系中混凝土的力学性能指标和耐久性要求应符合现行国家标准《混凝土结构设计规范》GB 50010 的规定。

（2）预制叠合墙板、预制叠合柱、预制叠合梁、板及其他预制构件的混凝土强度等级不应低于 C30；后浇混凝土的强度等级不宜低于 C30，且不宜低于预制构件混凝土相关要求。

（3）SPCS 结构体系剪力墙、柱、梁的后浇混凝土宜采用自密实混凝土，自密实混凝土应符合现行行业标准《自密实混凝土应用技术规程》JGJ/T 283 的规定。

3.2.2　钢筋、钢材及连接材料

（1）钢筋和钢材的力学性能指标应符合现行国家标准《混凝土结构设计规范》GB 50010 和《钢结构设计规范》GB 50017 的规定。纵向受力钢筋宜采用强度等级 400MPa 及以上钢筋，抗震设计的结构受力钢筋应符合现行国家标准《建筑抗震设计规范》GB 50011 的规定。

（2）预制构件中的钢筋应优先采用焊接钢筋网的形式，并符合现行行业标准《钢筋焊接网混凝土结构技术规程》JGJ 114 的规定。

（3）受力预埋件的锚板及锚筋材料应符合现行国家标准《混凝土结构设计规范》GB 50010 的有关规定。专用预埋件及连接件材料应符合国家现行有关标准的规定。

（4）预制构件的吊环应采用未经冷加工的 HPB300 级钢筋或 Q235B 圆钢制作。预制构件脱模、翻转、吊装及临时支撑用内埋式螺母或内埋式吊杆及配套吊具应符合国家现行相关标准的规定。

（5）预制混凝土夹心保温墙板中应设置专用连接件将内、外叶墙板可靠连接，连接件应满足下列要求：

1）当采用金属连接件时，应有可靠的阻断热桥措施；

2）锚固在内、外叶墙板间的连接件应满足抗拔承载力和抗剪承载力验算要求。

3）连接件的耐火等级应不低于内、外叶墙板。

目前，欧洲三明治板较多使用金属拉结件，材质是不锈钢，包括不锈钢杆、不锈钢板和不锈钢圆筒。金属拉结件在力学性能、耐久性和确保安全性方面有优势，但导热系数比较高，埋置麻烦，价格也比较贵。

拉结件选用注意事项：

1）技术成熟的拉结件厂家会向使用者提供拉结件抗拉强度、抗剪强度、弹性模量、导热系数、耐久性、防火性等力学物理性能指标，并提供布置原则、锚固方法、力学和热工计算资料等。

2）由于拉结件成本较高，特别是进口拉结件。为了降低成本，一些 PC 工厂自制或采购价格便宜的拉结件，有的工厂用钢筋做拉结件；还有的工厂用煨成扭“Z”形塑料钢筋做拉结件。对此，提出以下注意事项：

① 鉴于拉结件在建筑安全和正常使用的重要性，宜向专业厂家选购拉结件；

② 拉结件在混凝土中的锚固方式应当有充分可靠的试验结果支持；外叶板厚度较薄，一般只有 50mm 厚，对锚固的不利影响要充分考虑；

③ 连接件位于保温层温度变化区，也是水蒸气结露区，用钢筋做连接件时，表面涂刷防锈漆的防锈蚀方式耐久性不可靠；镀锌方式要保证 50 年，也必须保证一定的镀层厚度。应根据当地的环境条件计算，且不应小于 70μm。

不锈钢拉结件，其材料力学性能应符合表 3-5 的要求。

不锈钢拉接件材料力学性能 **表 3-5**

项目	技术要求	试验方法
屈服强度	≥380MP	GB/T 228
拉伸强度	≥500MP	GB/T 228
弹性模量	≥190GPa	GB/T 228
抗剪强度	≥300MP	GB/T 6400

注：拉结件需具有专门资质的第三方厂家进行相关材料力学性能的检验。

（6）SPCS 结构体系柱纵筋一般选用机械套筒连接，机械连接套筒与钢筋连接方式包括螺纹连接和挤压连接。螺纹连接一般用于预制构件与现浇混凝土结构之间的纵向钢筋连接，与现浇混凝土结构中直螺纹钢筋接头的要求相同，应符合《钢筋机械连接技术规程》JGJ 107—2010 的规定；预制构件之间的连接主要是挤压连接，下面主要介绍机械挤压套筒连接。

构件之间连接节点后浇筑混凝土区域的纵向钢筋连接会用到挤压套筒，如图 3-5

所示。挤压套筒连接是通过钢筋与套筒咬合作用将一根钢筋的力传递到另一根钢筋，适用于热轧带肋钢筋的连接。对于两个 PC 构件之间进行机械套筒挤压连接困难之处主要是生产和安装精度控制，钢筋对位要准确，预制构件之间后浇段应留有足够的施工操作空间，从挤压套筒厂家了解到，常用直径连接筋的挤压连接，压接钳连接操作空间一般需要 100mm（含挤压套筒）左右。

图 3-5　挤压套筒钢筋连接

1）一般规定

常用挤压套筒可分为标准型和异径型两种（图 3-6），挤压套筒连接在装配式构件里，具有连接可靠、施工方便、便于质量检查的优点，纵筋采用挤压套筒连接时，应符合如下规定：

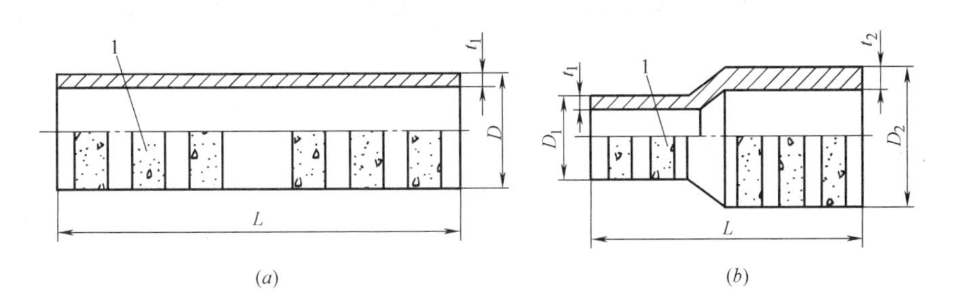

图 3-6　挤压套筒示意图

（a）挤压标准型套筒；（b）挤压异径型套筒

1—挤压标识

① 用于钢筋机械连接的挤压套筒，其原材料及实测力学性能应符合现行行业标准《钢筋机械连接用套筒》JG/T 163 的有关规定。

② 连接框架柱、框架梁、剪力墙边缘构件纵向钢筋的挤压套筒接头应满足Ⅰ级接头的要求，连接剪力墙竖向分布筋、楼板分布筋的挤压套筒接头应满足Ⅰ级接头抗拉强度的要求。

③ 被连接的预制构件之间应预留后浇段，后浇段的高度或长度根据挤压套筒结构安装工艺确定，应采取措施保证后浇段的混凝土浇筑密实。

2）预制柱底、预制剪力墙底宜设置支腿，支腿应能承受不小于2倍被支承预制构件的自重。

① 连接接头形式（按连接筋最大直径分）：

套筒挤压钢筋接头，按照连接钢筋的最大直径可分为两种形式：

② 连接钢筋的最大直径≥18mm时，适用于预制柱、预制墙板、预制梁等构件类型的纵向钢筋连接；应符合行业标准《钢筋机械连接技术规程》JGJ 107—2010的规定。

③ 连接钢筋最大直径≤16mm时，可以采用套筒搭接挤压方式，适用于叠合楼板、预制墙板等构件类型的钢筋连接；该连接方式尚无国家或行业技术标准，中国工程建设标准化协会（CECS）标准正在编制中。

3）连接接头形式（按挤压方向分）：

① 径向挤压机械连接套筒：现行行业标准《钢筋机械连接技术规程》JGJ 107主要规定的是径向挤压套筒的连接形式。连接套筒先套在一根钢筋上，与另一钢筋对接就位后，套筒移到两根钢筋中间，用压接钳沿径向挤压套筒，使得套筒和连接筋之间形成咬合力将两根钢筋进行连接（图3-7），机械连接径向挤压套筒在混凝土结构工程中应用较为普遍。

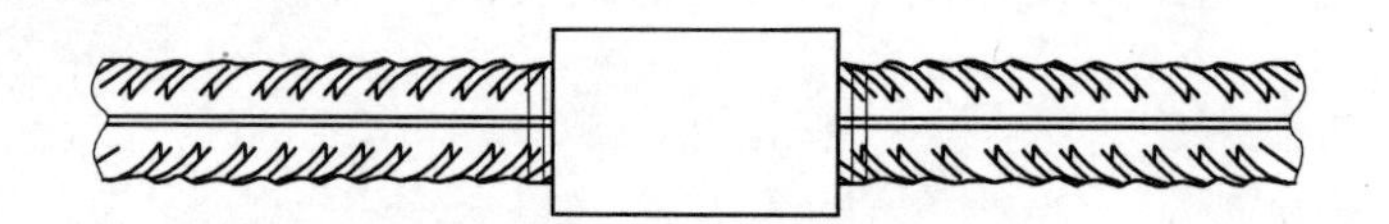

图3-7　机械连接套筒示意图

② 轴向挤压机械锥套锁紧连接：轴向挤压锥套锁紧钢筋连接也是一种挤压式连接，轴向挤压连接尚无相应的国家或行业的技术标准。轴向挤压锥套锁紧接头所连接钢筋，必须符合国家标准《钢筋混凝土用钢　第2部分：热轧带肋钢筋》GB/T 1499.2的规定。

（7）预埋件和连接件等外露金属件应按不同环境类别及该工况持续时间采取相应的封闭或防腐、防锈、防火处理措施，并应符合相关耐久性要求。

3.2.3　保温、防水材料

（1）外墙保温系统所用的保温材料应符合现行国家和行业相关标准的规定。

（2）外墙板接缝所用的防水密封胶应选用耐候性密封胶，密封胶应与混凝土具有相容性，并具有低温柔性、防霉性、防水性及耐水性等性能。其最大变形量、剪切变形性能等均应满足设计要求。其他性能应满足现行行业标准《混凝土建筑接缝用密封胶》JC/T 881的规定。当选用硅酮类密封胶时，应满足现行国家标准《硅酮建筑密封胶》GB/T 14683的要求。

（3）外墙板接缝处密封胶的背衬材料宜选用聚乙烯塑料棒或发泡氯丁橡胶，直径应不小于缝宽的1.5倍。

（4）建筑由于存在强风地震引起的层间位移、热胀冷缩引起的伸缩位移、干燥收缩引起的干缩位移和地基沉降引起的沉降位移等，对密封胶的受力要求非常高，所以密封胶必须具备良好的位移能力、弹性回复率、压缩率。在外挂PC墙板、PCF板、预制夹心保温外叶板的拼缝间密封胶的使用尤其应结合结构的变形需要进行合理选用，所选密封胶应能适应结构的变形要求，不会因为密封胶压缩率不足导致PC构件间产生挤压破坏。

1）外墙板接缝密封胶与混凝土应具有相容性，以及规定的抗剪切和伸缩变形能力，防霉、防水、防火、耐候等性能；硅酮、聚氨酯、聚硫建筑密封胶应分别符合国家现行标准《硅酮建筑密封胶》GB/T 14683、《聚氨酯建筑密封胶》JC/T 482、《聚硫建筑密封胶》JC/T 483的规定（《装配式混凝土结构技术规程》4.3.1）。

2）外墙板接缝宜采用材料防水和构造防水相结合的做法（《装配式混凝土结构技术规程》5.3.4）。

3）与混凝土的粘结性要求

混凝土属于碱性材料，普通密封胶很难粘结，且混凝土表面疏松多孔，导致有效粘结面积减小，所以要求密封胶与混凝土要有足够强的粘结力；此外，在南方多雨的地区，还可能出现混凝土的反碱现象，会对密封胶的粘结界面造成严重破坏。所以，混凝土的粘结性是选择装配式建筑用胶要考虑的第一要素。单组分改性硅烷密封胶和聚氨酯密封胶对混凝土的粘结性较好，双组分改性硅烷密封胶必须使用配套底涂液才能形成粘结，而传统硅酮胶对混凝土的粘结性较差。

4）抗变形能力要求

目前，国内的装配式建筑接缝宽度一般设计为20mm，而接缝处的变形主要来自于PC构件的热胀冷缩，因此可根据接缝宽度来计算选择合适位移级别的密封胶。当建筑接缝因地震或材料干燥收缩出现永久变形时，会对密封胶产生持续性的应力，而改性硅烷密封胶既具有优异的弹性，又具有应力缓和能力，在受到永久变形时，可最大限度地释放预应力，保证密封胶不被破坏。

5）接缝密封胶如何选用

密封胶应严格按照规范要求选用，需要强调的是：

① 密封胶必须是适于混凝土的；

② 密封胶除了密封性能好、耐久性好外，还应当有较好的弹性和高压缩率；

③ 配套使用止水橡胶条时，止水橡胶条必须是空心的，除了密封性能好、耐久性好外，还应当有较好的弹性和高压缩率。

6）MS 胶简介

日本装配式建筑预制外墙板接缝常用的密封材料是 MS 密封胶，MS 胶是以“MS Polymer”为原料生产出来的胶粘剂的统称。“MS Polymer”是一种液态状的树脂，在 1972 年由日本 KANEKA 发明，MS 建筑密封胶性能符合各项国内标准，详见表 3-6。

① 对混凝土、PCa 表面以及金属都有着良好的粘结性；

② 可以长期保持材料性能不受影响；

③ 在低温条件下有着非常优越的操作施工性；

④ 能够长期维持弹性（橡胶的自身性能）；

⑤ 发挥对环境稳定的固化性能；

⑥ 耐污染性好：MS 胶在实际工程的应用和无污染效果；

⑦ MS 密封胶对地震以及部件带来的活动所造成的位移能够长期保持其追随性（应力缓和等）。

MS 建筑密封胶性能表 **表 3-6**

项目		技术指标(25LM)	典型值
下垂度(N 型,mm)	垂直	≤3	0
	水平	≤3	0
弹性恢复率(%)		≥80	91
拉伸模量(MPa)	23℃	≤0.4	0.23
	−20℃	≤0.6	0.26
定伸粘结性		无破坏	合格
浸水后定伸粘结性		无破坏	合格
热压-冷压后粘结性		无破坏	合格
质量损失(%)		≤10	3.5

3.2.4 其他材料

（1）SPCS 体系建筑采用的室内装修材料应符合现行国家标准《民用建筑工程室内环境污染控制规范》GB 50325 和《建筑内部装修设计防火规范》GB 50222 的相关规定。

（2）SPCS 体系所用砂浆材料应符合现行国家标准《混凝土结构工程施工规范》

GB 50666 中的相关规定，预制构件接缝处宜采用聚合物改性水泥砂浆填缝。

（3）坐浆料：在预制墙板底部拼缝位置，常用坐浆料进行分仓；多层预制剪力墙底部采用坐浆料时，其厚度不宜大于 20mm。坐浆料也应有良好的流动性、早强、无收缩微膨胀等性能，应符合现行国家标准《水泥基灌浆材料应用技术规范》GB/T 50448 的有关规定。采用坐浆料分仓或作为灌浆层封堵料时，不应降低结合面的承载力设计要求，考虑到二次结合面带来的削弱因素，坐浆料的强度等级应高于预制构件的强度等级；预制构件坐浆料结合面应按构件类型粗糙面所规定的要求进行粗糙面的处理。

工程上常用的坐浆料的性能指标如表 3-7 所示，供参考。

坐浆料性能指标 **表 3-7**

项目		性能指标	试验方法标准
泌水率(%)		0	《普通混凝土拌合物性能试验方法标准》GB/T 50080
流动度(mm)	初始值	≥290	《水泥基灌浆材料应用技术规范》GB/T 50448
	30min 保留值	≥260	
竖向膨胀率(%)	3h	≥0.1~3.5	《水泥基灌浆材料应用技术规范》GB/T 50448
	24h 与 3h 的膨胀率之差	0.02~0.5	
抗压强度(MPa)	1d	≥20	《水泥基灌浆材料应用技术规范》GB/T 50448
	3d	≥40	
	28d	≥60	
最大氯离子含量(%)		≤0.1	《混凝土外加剂匀质性试验方法》GB/T 8077

3.3 结构设计基本规定

（1）SPCS 混凝土结构的设计应符合国家现行标准《混凝土结构设计规范》GB 50010、《建筑抗震设计规范》GB 50011、《装配式混凝土建筑技术标准》GB/T 51231 和《装配式混凝土结构技术规程》JGJ 1、《高层建筑混凝土结构技术规程》JGJ 3 等的有关规定。

（2）SPCS 混凝土结构的抗震设计，应根据设防类别、烈度、结构类型和房屋高度采用不同的抗震等级，并应符合相应的计算和构造措施要求。

（3）抗震设计的 SPCS 混凝土结构，当其房屋高度、规则性等超过规定时，可按现行国家标准《建筑抗震设计规范》GB 50011 和行业标准《高层建筑混凝土结构技术规程》JGJ 3 规定的结构抗震性能设计方法进行补充分析和论证。

（4）SPCS 结构竖向布置应连续、均匀，避免抗侧力结构的侧向刚度和承载力沿竖向突变，平面形状宜简单、规则、对称，质量、刚度分布宜均匀。

（5）SPCS 混凝土结构应符合下列规定：

1）宜设置地下室，地下室宜采用纯现浇混凝土，也可采用 SPCS 体系。

2）当采用框支结构时，转换梁、框支柱、框支剪力墙宜采用纯现浇混凝土。

3）在多遇地震作用下，SPCS 剪力墙结构水平接缝处不宜出现拉力。

3.4 作用及作用组合

（1）SPCS 混凝土结构的荷载及荷载组合应根据国家现行标准《建筑结构荷载规范》GB 50009、《建筑抗震设计规范》GB 50011、《高层建筑混凝土结构技术规程》JGJ 3 和《混凝土结构工程施工规范》GB 50666 等确定。

（2）预制构件在翻转、吊装、运输、安装的施工验算时，应将构件自重标准值乘以动力系数后作为等效静力荷载标准值。构件运输、吊运时，动力系数根据实际情况确定，并不宜小于 1.5；构件翻转及安装过程中就位、临时固定时，动力系数可取 1.2。

（3）预制构件进行脱模验算时，等效静力荷载标准值应取构件自重标准值乘以动力系数后与脱模吸附力之和，且不宜小于构件自重标准值的 1.5 倍。动力系数与脱模吸附力应符合下列规定：

1）动力系数不宜小于 1.2；

2）脱模吸附力应根据构件和模具的实际状况取用，且不宜小于 1.5kN/m^2。

（4）进行叠合楼板后浇混凝土施工阶段验算时，叠合楼板的施工活荷载取值应考虑实际施工情况，且不宜小于 1.5kN/m^2。

（5）在预制墙板空腔中浇筑混凝土时，应验算混凝土浇筑阶段预制墙板的施工稳定性，混凝土对预制墙板的作用应乘以 1.2 的动力系数作为标准值。预制墙板的承载力及裂缝验算应满足现行国家标准《混凝土结构设计规范》GB 50010、《混凝土结构施工规范》GB 50666 等规范要求。

3.5 结构分析

（1）在各种设计状况下，SPCS 混凝土结构可采用与现浇混凝土结构相同的方法进行结构分析。

（2）SPCS 混凝土结构承载能力极限状态及正常使用极限状态的作用效应分析可采用弹性方法。

（3）在结构内力和位移计算时，对现浇楼盖和叠合楼盖，均可假定楼盖在其自身平面内为无限刚性；楼面梁的刚度可计入翼缘作用予以增大，梁刚度增大系数可根据翼缘情况近似取为 1.3～2.0。

3.6　预制构件设计

（1）预制构件的设计应符合下列规定：

1）对持久设计状况，应对预制构件进行承载力、变形、裂缝控制验算；

2）对地震设计状况，应对预制构件进行承载力验算；

3）对制作、运输和堆放、安装等短暂设计工况下的预制构件验算，应符合现行国家标准《混凝土结构工程施工规范》GB 50666 的有关规定。

（2）当 SPCS 剪力墙结构的外围护采用预制保温墙体时，应作为自承重构件按围护结构进行设计，不应考虑分担主体结构所承受的荷载和作用。

（3）预制板式楼梯的梯段板底应配置通长的纵向钢筋。板面宜配置通长的纵向钢筋；当楼梯两端均不能滑动时，板面应配置通长的纵向钢筋。

（4）用于固定连接件的预埋件与预埋吊件、临时支撑用预埋件不宜兼用；当兼用时，应同时满足各种设计工况要求。预制构件中预埋件的验算应符合现行国家标准《混凝土结构设计规范》GB 50010、《钢结构设计规范》GB 50017 和《混凝土结构工程施工规范》GB 50666 等有关规定。

（5）预制构件中外露预埋件凹入构件表面的深度不宜小于 10mm。

（6）机电设备预埋管线和线盒、制作和安装施工用预埋件、预留孔洞等应统筹设置，对构件结构性能的削弱应采取必要的加强措施。

（7）外挂墙板的设计应符合现行行业标准《装配式混凝土结构技术规程》JGJ 1 的相关规定。

（8）预埋件设计

这里所说的预埋件是指预埋钢板和附带螺栓的预埋钢板。预埋钢板叫做锚板，焊接在锚板上的锚固钢筋叫做锚筋。见图 3-8。

1）设计依据

预埋件设计应符合现行国家标准《装配式混凝土结构技术规程》GB 50210、《混凝土结构设计规范》GB 50010、《钢结构设计规范》GB 50017 和《混凝土结构工程施

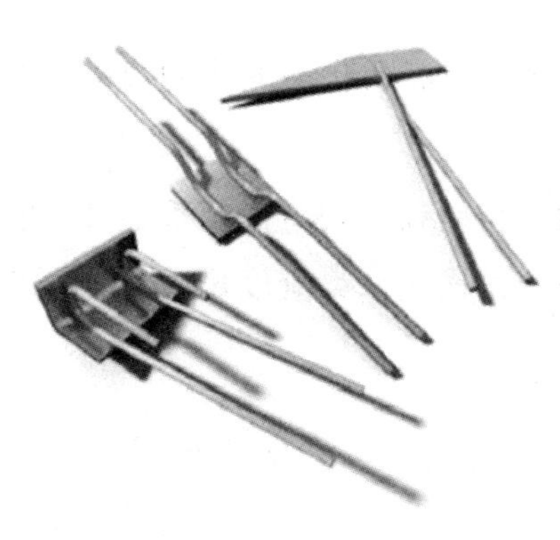

图 3-8 预埋件

工规范》GB 50666 等有关规定。

2）关于预埋件兼用

《装配式混凝土结构技术规程》要求：用于固定连接件的预埋件与预埋吊件、临时支撑用预埋件不宜兼用；当兼用时，应同时满足各种设计工况要求。

3）锚板

受力预埋件的锚板宜采用 Q235、Q345 级钢，锚板厚度应根据受力情况计算确定，且不宜小于锚筋直径的 60%。

4）锚筋

受力预埋件的锚筋应采用 HRB400 或 HPB300 钢筋，不应采用冷加工钢筋。

5）锚板与锚筋的焊接

直锚筋与锚板应采用 T 型焊接。当锚筋直径不大于 20mm 时宜采用压力埋弧焊；当锚筋直径大于 20mm 时以采用穿孔塞焊。

3.7 连接设计

（1）SPCS 混凝土结构的连接节点构造应受力明确、传力可靠、施工方便、质量可控，满足结构的承载力、延性和耐久性要求。预制构件的拼接部位宜设置在构件受力较小的部位。预制构件的连接方式应保证节点的破坏不先于连接的构件。

（2）SPCS 混凝土结构中，接缝的正截面承载力应符合现行国家标准《混凝土结构设计规范》GB 50010 的规定。

（3）SPCS 混凝土结构中，节点及接缝处的纵向钢筋宜根据受力特点选用机械连接、绑扎搭接连接、焊接连接等连接方式；当采用机械连接时，接头应满足现行行业标准《钢筋机械连接技术规程》JGJ 107 中 I 级接头的性能要求，并应符合国家现行有关标准的规定。

（4）预制构件与后浇混凝土、灌浆料、坐浆材料的结合面应设置粗糙面、键槽。

（5）预制构件纵向钢筋宜在后浇混凝土内直线锚固；当直线锚固长度不足时，可采用弯折、机械锚固方式，并应符合现行国家标准《混凝土结构设计规范》GB 50010 和《钢筋锚固板应用技术规程》JGJ 256 的规定。

（6）应对连接件、焊缝、螺栓或铆钉等紧固件在不同设计状况下的承载力进行验算，并应符合现行国家标准《钢结构设计规范》GB 50017 和《钢结构焊接规范》GB 50661 等的规定。

（7）预制楼梯与支承构件之间宜采用简支连接。采用简支连接时，应符合下列规定：

1）预制楼梯宜一端设置固定铰，另一端设置滑动铰，其转动及滑动变形能力应满足结构层间位移的要求；

2）预制楼梯设置滑动铰的端部应采取防止滑落的构造措施。

3.8　楼盖设计

（1）SPCS 混凝土结构的楼盖宜采用叠合楼盖，跨度大于 6m 或板厚大于 180mm 的叠合板，宜采用预应力混凝土空心板。结构转换层、平面复杂或开洞较大的楼层、作为上部结构嵌固部位的地下室楼层宜采用现浇楼盖。

（2）叠合楼板应按现行国家标准《混凝土结构设计规范》GB 50010 进行设计，并应符合《装配式混凝土结构技术规程》JGJ 1—2014 相关规定。

（3）焊接钢筋网叠合混凝土结构可采用预应力叠合空心楼板。

（4）预应力空心楼板的设计与选用可参考标准图集《SP 预应力空心板》05SG408 以及《SP 预应力空心板技术手册》99ZG408。

（5）焊接钢筋网叠合混凝土结构楼盖可采用凸型叠合楼盖（图 3-9）。结构转换层、平面复杂或开洞较大的楼层、作为上部嵌固部位的地下室楼层宜采用现浇楼盖。

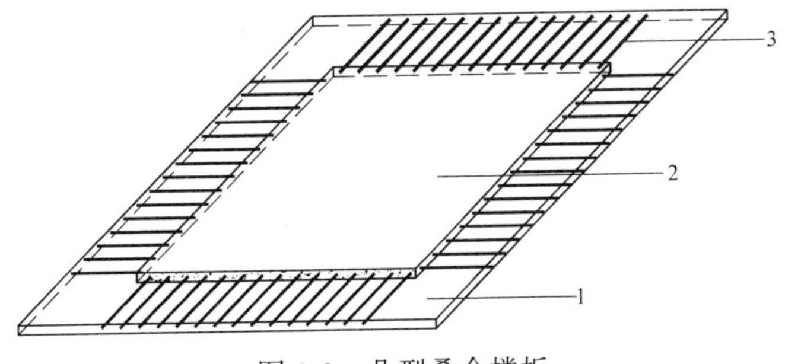

图 3-9　凸型叠合楼板

1—底层预制板；2—面层预制板；3—钢筋

（6）阳台板、空调板宜采用叠合构件或预制构件。预制构件应与主体结构可靠连接；叠合构件的负弯矩钢筋应在相邻叠合板的后浇混凝土中可靠锚固。

3.9 SPCS 体系叠合剪力墙结构设计

3.9.1 一般规定

（1）双面叠合剪力墙应进行偏心受压正截面受压承载力、偏心受拉正截面受拉承载力、偏心受压和偏心受拉斜截面受剪承载力计算，并满足承载能力极限状态要求。

（2）焊接钢筋网叠合剪力墙之间的竖向连接宜在楼面标高处，水平连接宜在受力较小的部位。接缝处应设置接缝连接钢筋。

（3）水平相连的焊接钢筋网叠合剪力墙板的预留间隙应满足施工中钢筋、连接件安装与混凝土浇筑要求。需手工操作时，操作侧预留工作缝不宜小于 150mm；无需手工操作时，预留间隙可取 20mm。

（4）焊接钢筋网双面叠合剪力墙，剪力墙厚度 b_w 取全截面厚度；对于单面叠合剪力墙，b_w 取空腹厚度与参与受力的预制墙板厚度之和。

（5）焊接钢筋网叠合剪力墙结构的平面形状宜简单、规则，质量、刚度和承载力分布宜均匀。不应采用特别不规则的平面布置，并应符合国家现行标准《建筑抗震设计规范》GB 50011 和《高层建筑混凝土结构技术规程》JGJ 3 的有关规定。

（6）焊接钢筋网叠合剪力墙结构的竖向体型宜规则、均匀，避免有过大的外挑和收进。

（7）焊接钢筋网叠合剪力墙结构的非承重墙体宜采用轻质材料墙体，墙体与主体结构应有可靠的连接，并应满足稳定和变形要求，结构整体计算时充分考虑非承重墙体刚度的影响。

（8）焊接钢筋网叠合剪力墙宜采用矩形板。带门窗洞口的叠合剪力墙洞口至板边距离应满足图 3-10 要求，洞口不宜跨板边布置。

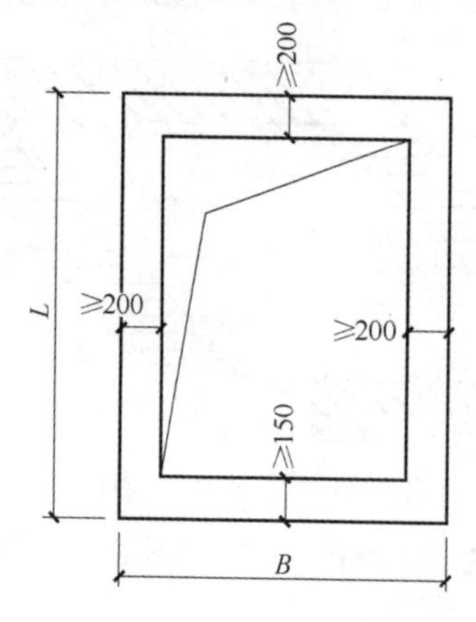

图 3-10 开洞叠合剪力墙洞边尺寸要求

（9）焊接钢筋网叠合剪力墙，焊接钢筋网片应满足相关规程及质量要求，各参数与工厂设备密切配合，严格控制相关焊点位置及参数（图 3-11）。

图 3-11　叠合剪力墙焊接钢筋笼及网片

（10）焊接钢筋网叠合剪力墙连梁及其纵向受力筋宜与叠合剪力墙整体预制。如图 3-12 所示。

图 3-12　单面叠合剪力墙连梁

（11）焊接钢筋网叠合剪力墙与其平面外相交的楼面梁连接时，梁宜按铰接进行计算，推荐采用牛担板的连接方式，见图 3-13。

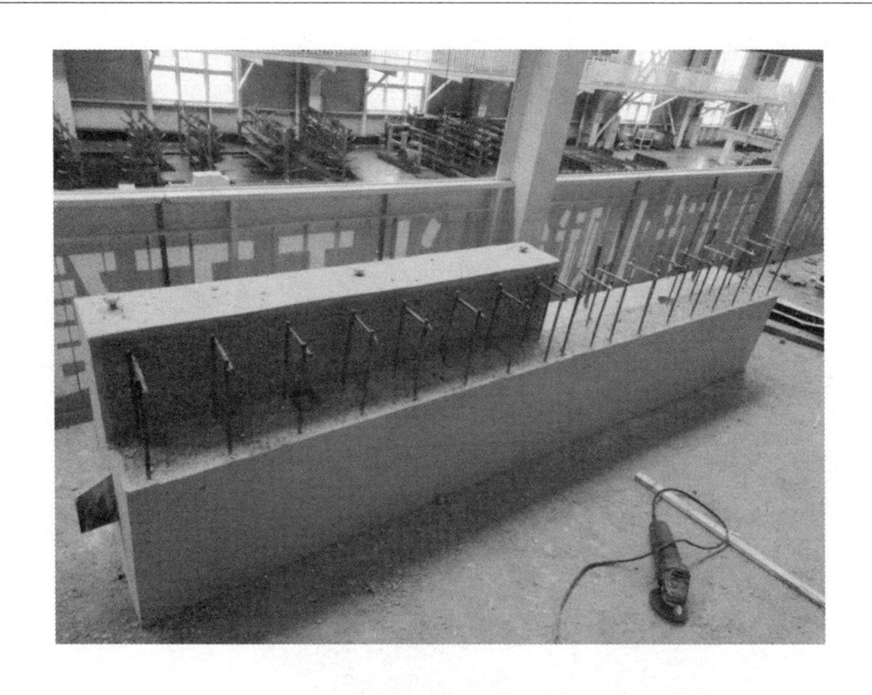

图 3-13　单面叠合剪力墙平面外梁连接

（12）建筑外墙宜采用夹心保温的单面叠合剪力墙，并应符合下列规定：

内叶墙板和外叶墙板之间填充的保温材料应连续，材料的性能尚应符合建筑节能、防火和环保的要求，采取的构造措施应使保温材料满足结构设计使用年限的耐久性要求。

夹心保温外墙板应通过连接件将内、外叶墙板及保温层连接成为整体，拉结件是涉及建筑安全和正常使用的连接件，须具备以下性能：

① 在内叶板和外叶板中锚固牢固，在荷载的作用下不能被拉出；

② 有足够的强度，在荷载的作用下不能被拉断剪断；

③ 有足够的刚度，在荷载的作用下不能变形过大，导致外叶板位移；

④ 导热系数尽可能小，减少热桥；

⑤ 具有耐久性；

⑥ 具有防锈蚀性；

⑦ 具有防火性能；

⑧ 埋设方便。

（13）预制构件设有边长小于 800mm 的洞口时，应在洞口四周配置补强钢筋，如图 3-14 所示。

（14）用于固定连接件的预埋件与预埋吊件、临时支撑用预埋件不宜兼用；当兼用时，应同时满足各种设计工况要求。预制构件中预埋件的验算应符合现行国家标准

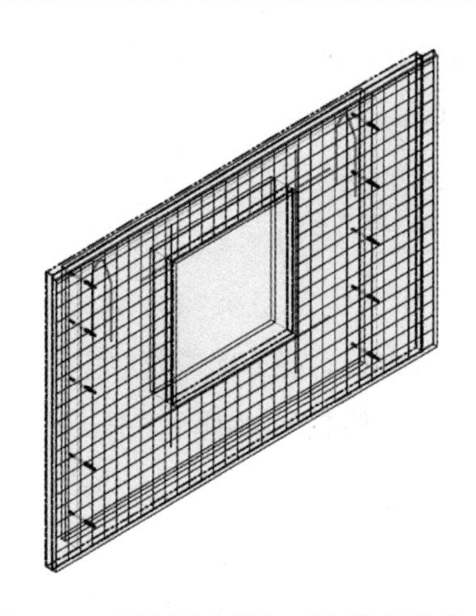

图 3-14 预制墙板洞口补强配筋构造

《混凝土结构设计规范》GB 50010、《钢结构设计规范》GB 50017 和《混凝土结构工程施工规范》GB 50666 等有关规定。

3.9.2 SPCS 体系叠合剪力墙连接设计与构造

（1）焊接钢筋网单面叠合剪力墙底部加强区及其上一层在墙体端部或相交处应设置约束边缘构件连接。

（2）焊接钢筋网双面叠合剪力墙约束边缘构件以上墙体，在其端部或相交处应设置构造边缘构件连接。

（3）若焊接钢筋网墙体较长，在非暗柱区域进行分割。

（4）保温连接件按照计算间距设置，混凝土浇筑时采用小型振捣棒，分层浇筑。

（5）焊接钢筋网双面叠合剪力墙与基础、叠合楼板与叠合剪力墙以及叠合楼板与现浇混凝土梁之间应有可靠连接，焊接钢筋网单面叠合剪力墙水平接缝高度，外叶板不宜小于 20mm，接缝处后浇混凝土应浇筑密实。

3.10 SPCS 框架结构设计

3.10.1 一般规定

（1）SPCS 框架结构可按现浇混凝土框架结构进行设计。

（2）SPCS 框架结构中，预制柱水平接缝处不宜出现拉力。

（3）叠合框架柱的截面设计与现浇混凝土相同，截面设计及构造要求应符合国家现行标准《混凝土结构设计规范》GB 50010、《建筑抗震设计规范》GB 50011 和《高层建筑混凝土结构技术规程》JGJ 3 的有关规定。

（4）叠合梁的截面设计与现浇混凝土相同，截面设计及构造要求应符合国家现行标准《混凝土结构设计规范》GB 50010、《建筑抗震设计规范》GB 50011 和《高层建筑混凝土结构技术规程》JGJ 3 的有关规定。

（5）SPCS 框架梁柱核心区抗震受剪承载力验算和构造应符合现行国家标准《混凝土结构设计规范》GB 50010 和《建筑抗震设计规范》GB 50011 中的有关规定；混凝土叠合梁端竖向接缝受剪承载力设计值和预制柱底水平接缝受剪承载力设计值应符合现行行业标准《装配式混凝土结构技术规程》JGJ 1 中的有关规定。

3.10.2 叠合框架柱设计

（1）叠合柱钢筋采用由焊接箍筋网片和柱纵筋组成的柱焊接钢筋笼（图 3-15）。

图 3-15 柱及其焊接钢筋笼

（2）叠合柱混凝土保护层厚度取箍筋网片端部至构件表面的厚度，保护层厚度应符合《混凝土结构设计规范》GB 50010 相关规定。

（3）上下层框架柱宜采用挤压套筒连接，施工时严格按照挤压套筒相关操作流程实施（图 3-16）。

图 3-16 挤压套筒施工

3.11　结构体系试验研究

针对叠合结构体系，我们做了大量的研究，各构件、各节点均完成对应的性能试验。试验数据证明，叠合结构体系构造合理，可按照现浇进行结构分析及构件承载力计算。

3.11.1　叠合墙体抗震性能试验

在恒定竖向荷载作用下施加水平低周往复荷载（先力控制后位移控制），试件在层间位移角为 1/300 前后出现斜裂缝、边缘构件纵筋屈服，试件进入屈服状态；层间位移角为 1/110 左右时角部先后剥落、压溃，逐渐形成塑性铰并向内扩展，沿对角线的腹剪斜裂缝逐渐成为临界斜裂缝；最终因角部压溃与墙身临界斜裂缝共同作用导致丧失承载力，为弯剪破坏模式。本试件设计、构造合理，可按照现浇剪力墙进行结构分

图 3-17　试验加载装置

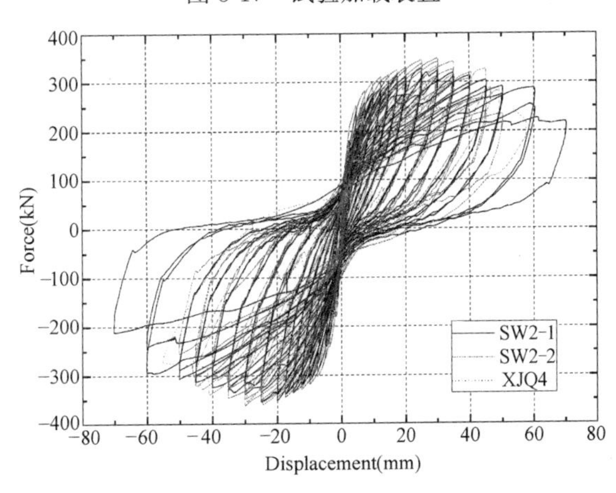

图 3-18　滞回曲线

析和构件承载力计算（图 3-17、图 3-18）。

3.11.2 叠合柱大偏压性能试验构件

施加竖向荷载（先力控制后位移控制），试件在大偏心压力作用下，受拉侧钢筋首先屈服，随后受压侧混凝土逐渐出现压溃，受压区混凝土高度逐渐减小最后导致试件破坏，为典型的大偏压破坏，与现浇柱的大偏心受压破坏特征一致，没有发生模壳与后浇芯部混凝土脱离、焊接箍筋破坏等情况，始终保持整体受力，跨中截面混凝土应变分布规律基本符合平截面假定（图 3-19、图 3-20）。

图 3-19 试验加载装置

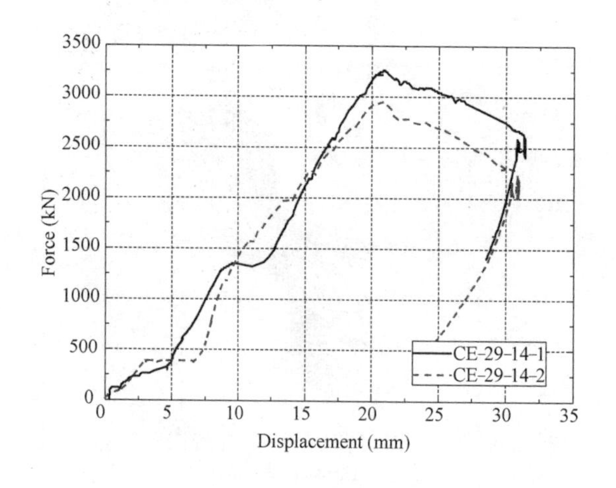

图 3-20 荷载-跨中位移曲线

3.11.3　叠合柱抗震性能试验构件

在恒定竖向荷载作用下施加水平低周往复荷载（先力控制后位移控制），试件在轴力与水平往复荷载作用下，发生受拉侧钢筋屈服、受压侧混凝土逐渐压溃，受压区混凝土高度逐渐减小最后导致试件破坏，为典型的弯曲破坏，与整体浇筑的框架柱的弯曲破坏特征一致，试件底部后浇段与预制部分结合面开裂、柱根部水平接缝的开裂满足规范要求的正常使用极限状态的规定，竖向钢筋机械连接性能可靠（图 3-21、图 3-22）。

图 3-21　试验加载装置

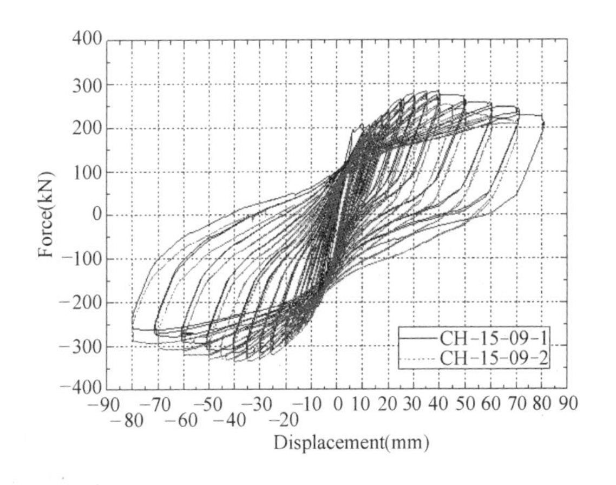

图 3-22　滞回曲线

3.11.4 叠合梁受力性能试验构件（受弯）

竖向荷载作用下逐级加载，受弯试件有明显的屈服点，屈服荷载较大，受弯破坏试件中预制模壳没有发生与后浇混凝土脱离、叠合面破坏，模壳与芯部混凝土共同受力；叠合梁始终保持整体受力，符合相应受力工况的破坏形态并与整体浇筑框架梁一致，承载力计算，裂缝控制、挠度验算可采用《混凝土结构设计规范》GB 50010的相关公式计算（图3-23、图3-24）。

图3-23 试验加载装置

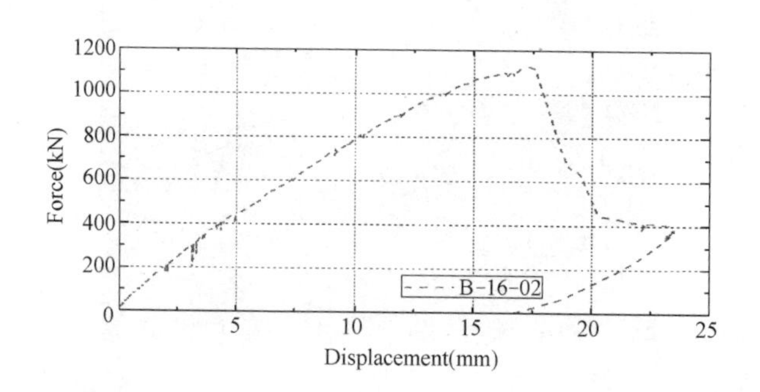

图3-24 荷载-跨中挠度曲线

3.11.5 叠合梁受力性能试验构件（受剪）

受剪破坏试件模壳没有发生与后浇混凝土脱离；叠合梁始终保持整体受力，符合

图3-25 试验加载装置

相应受力工况的破坏形态并与整体浇筑框架梁一致，承载力计算，裂缝控制、挠度验算可采用《混凝土结构设计规范》GB 50010 的相关公式计算（图 3-25、图 3-26）。

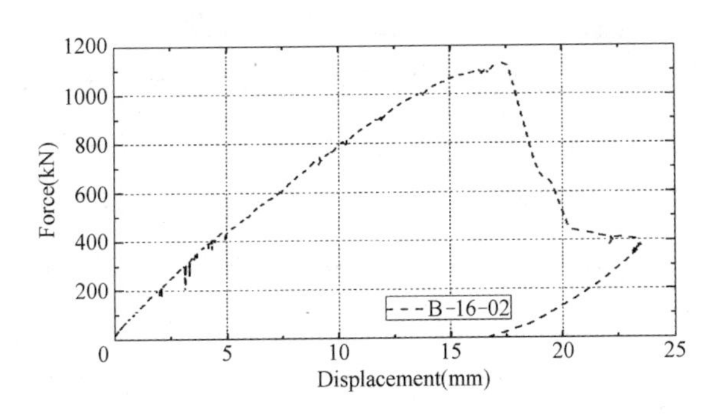

图 3-26　荷载-跨中挠度曲线

3.12　预制构件制作图

3.12.1　预制构件制作图设计

预制构件制作图应与建筑、水暖、电气等专业、建筑部品、装饰装修、构件厂等配合，做好构件拆分深化设计，提供能够实现的预制构件大样图；做好大样图上的预留线盒、孔洞、预埋件和连接节点设计；尤其是做好节点的防水、防火、隔声设计和系统集成设计，解决好连接节点之间和部品之间的“错漏碰缺”。

（1）依据规范，按照建筑和结构设计要求和制作、运输、施工的条件，结合制作、施工的便利性和成本因素，进行结构拆分设计。

（2）设计拆分后的连接方式、连接节点、出筋长度、钢筋的锚固和搭接方案等；确定连接件材质和质量要求。

（3）进行拆分后的构件设计，包括形状、尺寸、允许误差等。

（4）对构件进行编号。构件有任何不同，编号都要有区别，每一类构件有唯一的编号。

（5）设计预制混凝土构件制作和施工安装阶段需要的脱模、翻转、吊运、安装、定位等吊点和临时支撑体系等，确定吊点和支撑位置，进行强度、裂缝和变形验算，设计预埋件及其锚固方式。

（6）设计预制构件存放、运输的支承点位置，提出存放要求。

3.12.2　PC 构件制作图设计内容

（1）各专业设计汇集

预制构件设计须汇集建筑、结构、装饰、水电暖、设备等各个专业和制作、堆放、运输、安装各个环节对预制构件的全部要求，在构件制作图上无遗漏地表示出来。

（2）制作、堆放、运输、安装环节的结构与构造设计

与现浇混凝土结构不同，装配式结构预制构件需要对构件制作环节的脱模、翻转、堆放、运输环节的装卸、支承；安装环节的吊装、定位、临时支承等，进行荷载分析和承载力与变形的验算。还需要设计吊点、支承点位置，进行吊点结构与构造设计。这部分工作需要对原有结构设计计算过程了解，必须由结构设计师设计进行或在结构设计师的指导下进行。

现行行业标准《装配式混凝土结构技术规程》要求：对制作、运输和堆放、安装等短暂设计状况下的预制构件验算，应符合现行国家标准《混凝土结构工程施工规范》GB 50666 的有关规定。制作施工环节结构与构造设计内容包括：脱模吊点位置设计、结构计算与设计、翻转吊点位置设计、结构计算与设计、吊运验算及吊点设计、堆放支承点位置设计及验算、易开裂敞口构件运输拉杆设计、运输支撑点位置设计、安装定位装置设计、安装临时支撑设计，临时支撑和现浇模板同时拆除、预埋件设计。

（3）设计调整

在构件制作图设计过程中，可能会发现一些问题，需要对原设计进行调整，例如：

1）预埋件、埋设物设计位置与钢筋“打架”，距离过近，影响混凝土浇筑和振捣时，需要对设计进行调整。或移动预埋件位置；或调整钢筋间距。

2）造型设计有无法脱模或不易脱模的地方。

3）构件拆分导致无法安装或安装困难的设计。

4）后浇区空间过小导致施工不便。

5）当钢筋保护层厚度大于 50mm 时，需要采取加钢筋网片等防裂措施。

6）当预埋螺母或螺栓附近没有钢筋时，须在预埋件附近增加钢丝网或玻纤网防止裂缝。

7）对于跨度较大的楼板或梁，确定制作时是否需要做成反拱。

装配式装配式建筑构件预制构件安装临时支撑体系见表 3-8。

（4）构件制作图

1）构件图应附有该构件所在位置标识图（图 3-27）。

2）构件图应附有构件各面命名图，以方便看图（图 3-28）。

3）构件模具图

① 构件外形、尺寸、允许误差。

② 构件混凝土量与构件重量。

③ 使用、制作、施工所有阶段需要的预埋螺母、螺栓、吊点等预埋件位置、详

装配式建筑构件预制构件安装临时支撑体系一览　　**表 3-8**

构件类别	构件名称	支撑方式	示意图	计算荷载	支承点位置	支撑预埋件			
						构件		现浇	
						位置	构造	位置	构造
竖向构件	柱子	斜支撑、双向		风荷载	上部支撑点位置：大于 1/2，小于 2/3 构件高度	柱两个支撑面（侧面）	预埋式螺母	现浇混凝土楼面	
	剪力墙板	斜支撑、单向		风荷载	上部支撑点位置：大于 1/2，小于 2/3 构件高度。下部支撑点位置：1/4 构件高度附近	墙板内侧面	预埋式螺母	现浇混凝土楼面	
水平构件	楼板	竖向支撑		自重荷载＋施工荷载	两端距离支座 500mm 处各设一道支撑＋跨内支撑（轴跨 $L<4.8m$ 时一道，轴跨 $4.8m \leqslant L<6m$ 时两道）	不用	不用	不用	不用
	梁	竖向支撑或斜支撑		自重荷载＋风荷载＋施工荷载	两端各 1/4 构件长度处；构件长度大于 8m 时，跨内根据情况增设一道或两道支撑	梁侧支撑面		不用	不用
	悬挑式构件	竖向支撑		自重荷载＋施工荷载	距离悬挑端及支座处 300～500mm 距离各设置一道；垂直悬挑方向支撑间距宜为 1～1.5m，板式悬挑构件下支撑数最小不得少于 4 个。特殊情况应另行计算复核后进行设置支撑	不用	不用	不用	不用

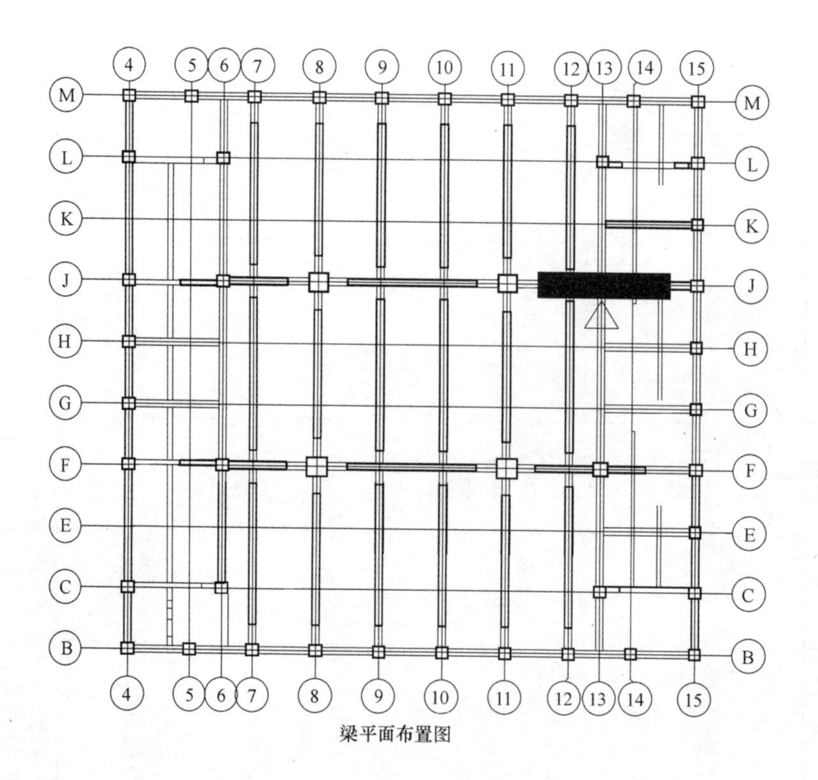

图 3-27　构件位置标示图

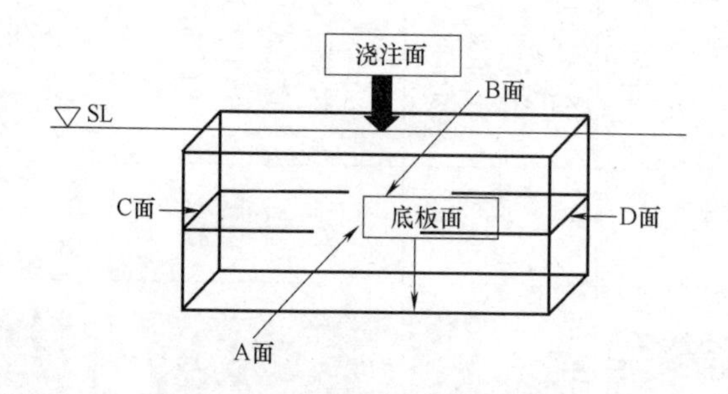

图 3-28　构件各面视图方向标示图

图；给出预埋件编号和预埋件表。

④ 预留孔眼位置、构造详图与衬管要求。

⑤ 粗糙面部位与要求。

⑥ 键槽部位与详图。

⑦ 墙板轻质材料填充构造等。

4）配筋图除常规配筋图、钢筋表外，配筋图还须给出：

① 套筒或浆锚孔位置、详图、箍筋加密详图。

② 包括钢筋、套筒、浆锚螺旋约束钢筋、波纹管浆锚孔箍筋的保护层要求。

③ 套筒（或浆锚孔）、出筋位置、长度允许误差。

④ 预埋件、预留孔及其加固钢筋。

⑤ 钢筋加密区的高度。

⑥ 套筒部位箍筋加工详图，依据套筒半径给出箍筋内侧半径。

⑦ 后浇区机械套筒与伸出钢筋详图。

⑧ 构件中需要锚固的钢筋的锚固详图。

5）夹心保温构件拉结件

① 拉结件布置。

② 拉结件埋设详图。

6）非结构专业的内容与 PC 构件有关的建筑、水电暖设备等专业的要求必须一并在预制构件中给出，包括（不限于）：

① 门窗安装构造。

② 夹心保温构件的保温层构造与细部要求。

③ 防水构造。

④ 防火构造要求。

⑤ 防雷引下线埋设构造。

⑥ 装饰一体化构造要求，如石材、瓷砖反打构造图。

⑦ 外装幕墙构造。

⑧ 机电设备预埋管线、箱槽、预埋件等。

（5）产品信息标识

为了方便构件识别和质量可追溯，避免出错，预制构件应标识基本信息，日本许多预制构件工厂采用埋设信息芯片用扫描仪读信息的方法。产品信息应包括以下内容：构件名称、编号、型号、安装位置、设计强度、生产日期、质检员等。

（6）"一图通"原则

把所有设计要求都反映到构件制作图上，并尽可能实行一图通，是保证不出错误的关键原则。汇集过程也是复核设计的过程，会发现"不说话"和"撞车"现象。

每种构件的设计，任何细微差别都应当表示出来。一类构件一个编号。

3.13　SPCS 体系设计质量管理

3.13.1　设计模式及选择

各单位对自己承担的工作内容负责是最基本的要求，目前行业内存在如下设计模式，但 SPCS 结构体系项目建议采用"一体化模式"进行设计。

（1）分离模式：主体设计（方案到施工图）＋PC深化设计的模式。

这种模式要求主体设计单位有比较丰富的装配式建筑的设计经验，把方案到施工图阶段的装配设计内容全部闭合，模壳构件深化设计单位只做构件图的深化。对于只有PC深化图设计能力的单位来说，他们往往缺乏传统综合设计院的项目管理、设计和专业间协作配合的经验，尚不具备从方案到施工图这些设计阶段的咨询顾问能力，很难把装配建筑的要求有机、合理的契合进去。这样的模式后续的深化设计完全建立在主体设计院的前期设计基础上，如果没有充分做好前期的装配方案，会带来PC一体化集成设计的极大困难，很难落地实施。

（2）顾问模式：主体设计（方案到施工图）＋SPCS结构体系专项全程咨询顾问与设计模式。

顾问模式是建立在专项设计单位具备完全的咨询顾问能力的基础上，是对分离模式的界面壁垒的打破。专项的咨询顾问须综合素质更高，不仅要熟悉设计各专业，而且对项目从设计、生产、安装各环节要了如指掌，对项目的成本、招采、管理各方面都要有相当的经验和知识储备，才能做好专项的咨询顾问和设计工作。

（3）一体化模式：全专业全过程均由一家设计单位来完成的模式，一体化模式比较有利于全专业全过程的无缝衔接、闭环设计。而这种一体化的服务模式也是笔者所倡导的，在这种模式下，对于建设单位来说，设计管控界面也会减少，有利于设计项目的组织与管理，也有利于商务招标采购等各方面工作的开展。

3.13.2 设计界面

（1）主体结构设计：考虑结构方案时必须充分考虑装配式结构的特点以及装配式结构设计的规程和标准的相关规定，满足《建筑工程设计文件编制深度规定》，为SPCS结构拆分设计打好基础。

（2）拆分设计：SPCS结构拆分设计要融合到建筑结构方案设计、初步设计、施工图设计各环节中去，不能孤立的分离成先后的阶段性设计，是一个动态连续渐进的过程。在建筑方案设计阶段，就要把体系特点充分的融合考虑，立面的规律性变化、平面的凹凸或进退关系、结构方案都要和体系特点有机的结合起来。

（3）构件设计：交付工厂生产的构件图的设计，是个高度集成化、系统化的设计工作，结构构件本身只是个载体，在构件上的精装点位线盒、线管预埋、脱模吊装吊点埋件、斜支撑所需预埋件、模板固定用埋件、外墙脚手架所需的预留预埋、一体化窗框预埋、夹心保温连接件布置等这些都要集成到构件图上。

3.13.3 对设计单位的责任和义务的具体规定

（1）应当严格按照国家有关法律法规、现行工程建设强制性标准进行设计，对设计质量负责。

（2）施工图设计文件应当满足当前《建筑工程设计文件编制深度规定》等要求，SPCS 体系结构专业设计图纸包括结构施工图和预制构件制作详图。

结构施工图除应满足计算和构造要求外，其设计内容和深度还应满足预制构件制作详图编制和安装施工的要求。

预制构件制作详图深化设计，应包括预制构件制作、运输、存储、吊装和安装定位、连接施工等阶段的复核计算和预设连接件、预埋件、临时固定支撑等的设计要求。

（3）应当对工程本体可能存在的重大风险控制进行专项设计，对涉及工程质量和安全的重点部位和环节进行标注，在图纸结构设计说明中明确预制构件种类、制作和安装施工说明，包括预制构件种类、常用代码及构件编号说明，对材料、质量检验、运输、堆放、存储和安装施工要求等。

（4）应当参加建设单位组织的设计交底，向有关单位说明设计意图，解释设计文件。交底内容包括：预制构件质量及验收要求、预制构件钢筋接头连接方式，预制构件制作、运输、安装阶段强度和裂缝验算要求，质量控制措施等。

（5）应当按照合同约定和设计文件中明确的节点、事项和内容，提供现场指导服务，解决施工过程中出现的与设计有关的问题。当预制构件在制作、运输、安装过程中，其工况与原设计不符时，设计单位应当根据实际工况进行复核验算。

3.13.4　SPCS 结构设计质量管理的要点

装配式建筑项目的开发建设管理与传统现浇项目相比，有着显著的不同，在设计环节的管理自然也与传统项目不同。装配式建筑项目设计几个显著的特征是：工作的前置性要求、工作的精细化要求、工作的系统化集成化要求。与 PC 相关的设计内容都要一次性集成成型，不能等预制构件生产制作好了再来修改，SPCS 设计容错性差，基本上不给设计者犯错误、修改的机会。下面从设计质量管理，保证设计质量方面，提出如下一些管理要点，供读者参考：

（1）结构安全问题是设计质量管理的重中之重

由于 SPCS 结构设计与建筑、机电、生产、安装等高度一体化，专业交叉多，系统性强，那么带来一体化过程中的涉及结构安全问题，应当慎之又慎，加强管控，形成风险清单式的管理。如：夹心保温连接件的安全问题，关键连接节点的安全问题等。

（2）满足《设计文件编制深度》的要求

2016 年版《建筑工程设计文件编制深度规定》作为国家性的建筑工程设计文件编制工作的管理指导文件，对装配式建筑设计文件从方案设计、初步设计、施工图设计、PC 专项设计文件编制深度做了全面的补充，SPCS 结构体系的设计图纸深度也需满足这些要求，确保各阶段设计文件的质量和完整性。

（3）编制统一技术管理措施

根据不同的项目类型，针对每种项目类型的特点，制定统一的技术措施，对于设计工作的开展和管理，都有非常积极的推动和促进作用，不会因为人员变动而带来设计项目质量的波动，甚至在一定程度上可以抹平设计人员水平的差异，使得设计成果质量趋于稳定。

（4）建立标准化的设计管控流程

SPCS 结构体系项目的设计工作，协同配合机制，有着其自身规律性，把握其规律性，制定标准化设计管控流程，对于项目设计质量提升，加强设计管理工作，都会有非常大的裨益。在实际项目设计过程中，我们可以根据项目具体情况，动态的进行调整和总结分析。当我们从二维设计时代过渡到三维设计时代时，一些标准化、流程化的内容甚至可以融入软件来控制，形成后台的专家系统，保障我们设计质量。

（5）建立本单位的设计质量管理体系

在传统设计项目上，每个设计院都已经形成了自己的一套质量管理标准和体系，比如校审制度，培训制度，设计责任分级制度，在我们实际项目上都可以延用。针对 SPCS 结构体系的特点，可以进一步扩展补充，建立新的协同配合机制、质量管理体系。

（6）采用 BIM 设计

从二维提升到三维，是不可阻挡的趋势，信息模型的交付标准，国家和地方都已经陆续出台。按照《装配式混凝土结构技术标准》GB/T 51231—2016 第 3.0.6 条要求：装配式混凝土建筑宜采用建筑信息模型（BIM）技术，实现全专业、全过程的信息化管理。SPCS 结构体系，构件立体感更强，采用 BIM 技术对提高工程建设一体化管理水平具有重要作用，可以极大地避免人工复核带来的局限，从根本上提升设计质量，提升工作效率。

3.13.5 SPCS 结构设计的协同管理

SPCS 体系设计是高度集成化、一体化的设计，项目各环节都要高度的协同和互动。建筑、结构、水、暖、电、精装设计等各专业需协同作业，铝合金门窗、幕墙、PC 工厂、施工安装等各单位在设计、生产、安装各环节需紧密互动，形成六个阶段（即方案设计、初步设计、施工图设计、深化图设计、生产阶段、安装阶段）完整闭环的设计。集成结构系统、外维护系统、设备与管线系统、内装系统，实现建筑功能完整、性能优良。

按项目推进的时间轴，以剪力墙住宅项目为例，对采用 SPCS 结构体系的项目，提供设计各阶段协作互动工作内容（表 3-9），供读者参考。

为简化表述，表格中协同作业各方以字母代替如下：

A—方案设计单位，B—施工图设计单位，C—PC 顾问单位，D—精装设计单位，E—铝合金门窗单位，F—PC 构件厂；G—施工总包单位；H—集成应用材料供应单位（如：夹心保温连接件等）；J—建设单位（甲方）。

SPCS 一体化设计协作互动进程表　　表 3-9

阶段	互动协作内容	备　注
概念方案阶段	从整个小区的总体规划布局，单体平面布置，户型设计，立面风格，楼型组合控制等，从宏观上将装配式建筑的一些基本标准化设计要求、平面布置特性，立面特征、运输路线安排等结合起来考虑。为项目落地实施打好先天基础	
方案阶段	A 将阶段性成果：如户型设计、平面组合、立面、典型剖面、总平面规划布局、楼型组合等提出给 B 及 C	以互提资、阶段性会议、书面反馈、书面确认等方式开展相关协作互动工作
	A、B 将确定实施版建筑方案、结构方案（试算模型及结构布置图）提资给 C	
	C 提出优化反馈意见给 B 和 A	
	C 提交 PC 方案专篇内容给 A、J；B 提交各专业方案内容给 A、J	
	A 汇总各专业内容，提交方案设计文本，供 J 方案报建报批用	
	J 取得方案批复文件，组织安排 A、B、C 进行方案深化和修改工作	
总体设计阶段	B 开展总体设计工作	以互提资、阶段性会议、书面反馈、书面确认等方式开展相关协作互动工作
	B 将实施版的建筑平、立、剖，结构确定的计算模型、结构方案布置提资给 C	
	C 提出优化反馈意见给 B	
	E 单位和 C、D、E、J 单位一同初步沟通窗框一体化方案、门窗栏杆方案、精装方案等	
	C 提交 PC 总体设计专篇内容给 B、J	
	B 汇总各专业内容，提交总体设计文本，供 J 报批总体设计用	
	J 拿到总体设计文本	
	J 取得总体设计批复文件，组织安排 B、C 进行总体设计深化和修改工作	
施工图阶段设计	A 将调整好的三维信息模型，效果图等提资给 B、C	与 PC 相关的重点关注内容： 1）结构：与 PC 构件相关配筋信息、构件的外形控制尺寸信息、构件材料信息等。 2）建筑：施工图深度的平面、立面、剖面、PC 外墙处的墙身详图，面层做法等。 3）设备专业：水暖电的在 PC 外墙、楼板、阳台、PC 剪力墙等上面的预留预埋点位
	B 将阶段性建筑、结构成果提资给 C	
	D 反馈精装要求给 B	
	B、D 将施工图阶段落实好的一体化装修集成内容提资给 C	
	E、B 将铝合金门窗、栏杆等与 PC 相关的要求反馈给 C	
	B 单位将明确的阶段性施工图内容提资给 PC（建筑：平立剖，PC 处墙身大样；结构：PC 相关位置结构施工图；设备专业：PC 相关位置预埋预留点位）	
	H 将集成应用材料（如夹心保温连接件）的技术及构造要求提资给 C	
	C 反馈意见给 B、E、D、H	
	C 提交 PC 相关需要送审成果内容给 B、J	
	B 汇总各专业内容，提交施工图送审文件，供 J 报施工图审查	
	J 拿到完整施工图设计文件并送审	
	B、C 配合施工图审查单位审查，对审查意见进行澄清和修改	
	C 提交 PC 招标图给 J，供 J 进行 PC 厂家招标	

续表

阶段	互动协作内容	备注
PC深化图设计阶段	B将审图意见修改完后终版图纸提给C	最终提交深化图成果深度满足工厂进行模具设计，开模生产，满足后续现场安装需要的所有需求
	E、B、J最终确认铝合金门窗、栏杆预埋预留点位，将确认资料提资给C	
	D、B、J最终确认装修预埋预留点位，将确认终版资料提资给C	
	F将特殊生产工艺要求（若有）反馈给C	
	G将脚手架方案预留预埋要求，模板预埋件点位，人货梯预留位置，塔吊布置方案，塔吊扶墙撑位置等提资给C	
	C汇总B、D、E、F、G、J各方资料并及时给出反馈，完成PC深化图设计	
	C提交完整的PC深化设计图	
生产阶段	C对F做好技术交底和图纸会审工作，对F模具设计工作中的疑问进行澄清和修正，协助配合解决F在生产过程中出现的各种细节问题，以保证工程质量与进度。结合实际情况，协助J对PC生产过程中的质量与进度进行管控。对一些其他专业、材料供应单位新出现的变更或修改，及时作出深化图纸的变更修改工作。对运输和堆放方案提出设计建议和要求	
安装阶段	C对G做好技术交底和图纸会审工作，对G在制定施工安装方案工作中的疑问进行澄清和修正，协助配合解决G在施工安装过程中出现的各种细节问题。结合实际情况，协助J对PC安装过程中出现的问题提供技术支持。对一些其他专业、材料供应单位新出现的变更或修改，及时作出深化图图纸的变更和修改工作（尽量避免，不可避免时，要及时作出响应，将修改成果第一时间反馈给F、G）。对吊装方案、堆场堆放方案、塔吊布置方案、脚手架方案给出设计的建议和要求	

SPCS结构设计协同配合设计流程如图3-29所示，供读者参考。

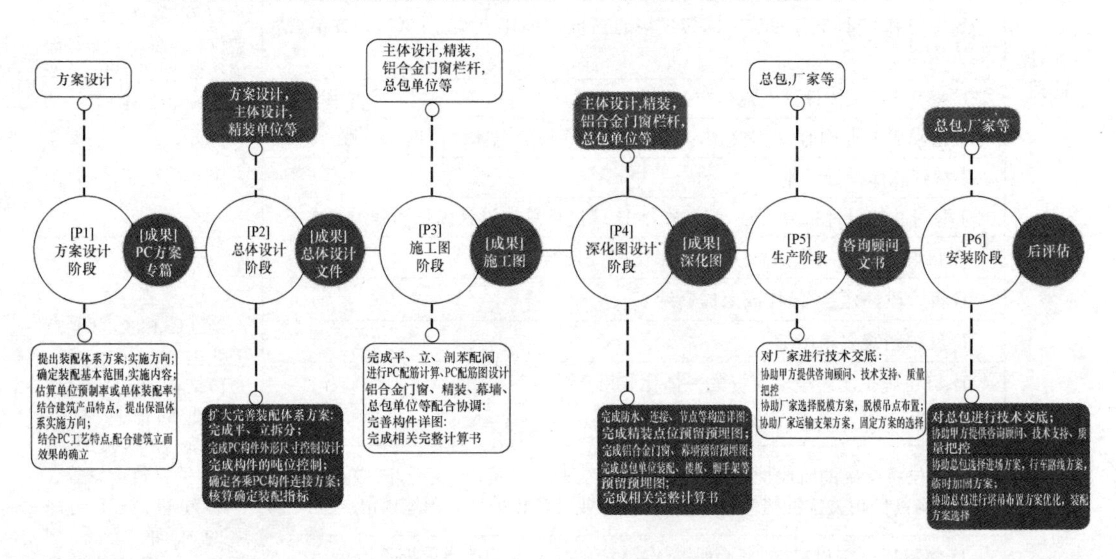

图3-29　设计协作配合流程图

3.13.6　SPCS结构图纸审核

SPCS体系设计是系统化的设计，不仅包含结构专业施工图和深化图设计，而且包含建筑、机电一体化的设计内容，还包含生产、运输、施工安装等一体化集成的要求。设计图纸包含内容较多，对图纸准确度要求更高，图纸审核就显得尤为重要。

1. SPCS体系结构专业的审核重点

SPCS体系结构设计首要的问题是结构安全问题，从装配式建筑目前发展情况来看，容易出现的关系到结构安全的重要问题主要有：

（1）夹心保温外墙保温拉结件：拉结件的安全问题在结构安全上应当引起高度的重视，外叶钢筋混凝土墙板一般情况下重量都不小，若因为设计选用不当、拉结件锚固失效，带来的事故将是灾难性的。若出现问题，带来的社会负面影响将是巨大的，对行业发展十分不利，试想一下：一个小区只要一块墙板掉下来，整个小区还有人敢住吗？每块外墙板都是定时炸弹，你不知道它什么时候会掉下来。因此在夹心保温的设计应用上要以非常慎重的态度来对待。《装配式混凝土结构技术规程》JGJ 1第4.2.7条也提出了拉结件的相关性能应经过试验验证的要求。夹心保温墙板的设计构造应和受力机理相吻合，即非组合墙板（图3-30）的设计构造应符合外叶墙不参与内叶墙受力分配的特点，组合墙板（图3-31）的强连接构造使得内外叶墙板是共同受力的；同样的，拉结件有的适合组合墙，有的适合非组合墙，拉结件的选择和受力原理也要相匹配。在拉结件材料选择上，也有存在错误使用的情况，比如：采用未经防锈处理的钢筋作为保温拉结件，在保温层中会因为温差变化、水汽凝结带来钢筋氧化锈蚀，其耐久性是有问题的，根本达不到和结构同寿命，而且无法维修替换；因此夹心保温墙板的设计构造和拉结件的选择，应当引起高度的重视。

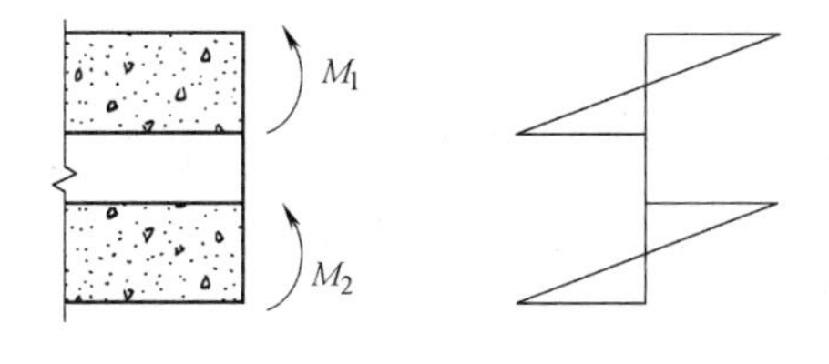

图3-30　非组合墙受力机理

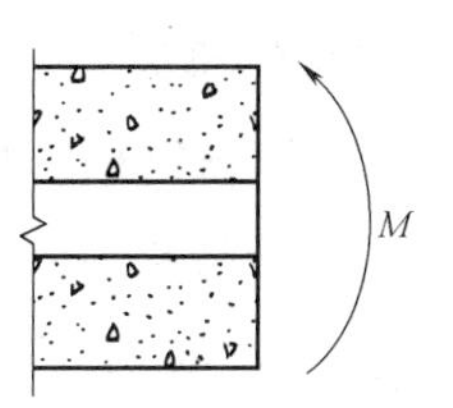

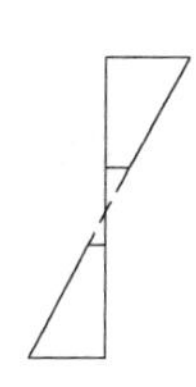

图3-31　组合墙受力机理

（2）一些关键连接节点、关键部位是否设计到位：重点连接部位有没有做好碰撞检查，是否会给后续的安装环节留下安全隐患和犯错的动机。避免这些关键部位互相干涉导致施工困难，工人私自割钢筋的情况出现。类似这些装配式的关键节点设计都要作为非常重要的工作来抓，对一些认识还不是很准确，把握性不大的关键连接节点，甚至要进一步请同行专家进行专项论证，确认安全可靠后方可用于工程。在设计质量管控上，我们可以将结构体系的关键设计要点列出清单，做出风险评估，按风险大小和可控性，做出优化路径选择。

（3）装配设计构造是否合理，填充墙改为预制构件对主体结构刚度是否有影响，对填充墙预制构件刚度影响采取合理的应对措施，如图3-32所示。

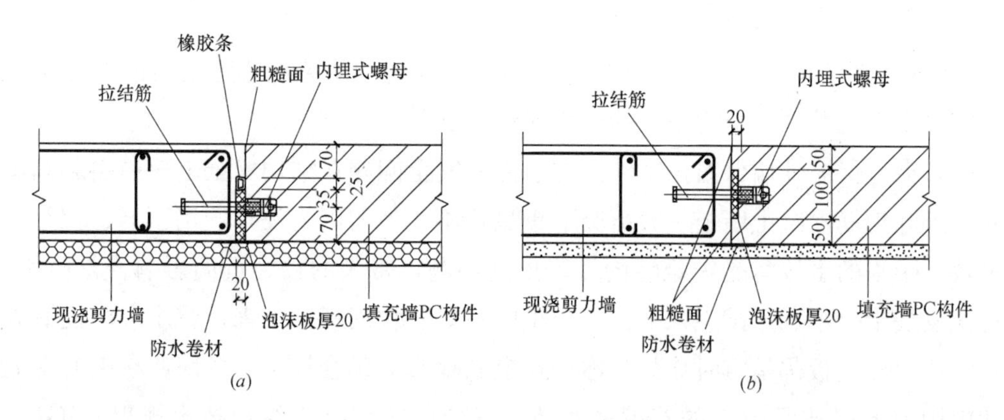

图 3-32　刚度影响相对弱的构造

(4) 计算分析没有覆盖全生命周期工况，一个部品构件从 PC 工厂制作脱模、翻转、存放、运输，直到装配安装形成完整结构体系，受力工况是多样的，应对全工况进行包络分析。对于关键的节点和关键环节，设计还应当有相应的技术性要求和说明，不给后续环节处理不当留下机会，如临时固定、临时支撑的设置要求等。

(5) 超过规范规定的设计：因为建设项目类型差异性和多样性，不可避免地存在超出现行规范规定的情况，如：超过规范规定结构类型、连接类型、预制装配范围等。对于超规范的设计要做好充分的判断和专家论证，采用可靠措施后实施，不留下结构安全隐患。另外对项目采用装配时可能存在的重大风险也应提出专项设计要求。

2. 专业间综合审核重点

SPCS 结构设计综合性强，具有高度系统化集成的特点，容错性差，一体化设计、一次成型要求高。这就带来 SPCS 设计要进行综合性审核，将问题解决在设计环节。专业间综合审核关注重点如下：

(1) 建筑结构一体化问题

1) 外墙保温与结构一体化：外墙保温设计是个难题，目前常规做法就是外保温、内高温、夹心保温这三种，这三种做法都有各自局限性。外保温做法的问题在各地都越来越多的出现，质量隐患已经逐步显露，如：保温材料耐火性能问题，与外墙结构支撑体粘结不牢固，耐久性不足，外墙外保温老化脱落等问题，住房城乡建设部公告废止了《膨胀聚苯板薄抹灰外保温系统》JG 149—2003 标准，该标准从 2017 年 8 月 1 日起正式停止执行；而采用内保温做法，在后续装修升级时会带来内保温破坏的问题，不容易保护维修；现在很多地方政府都鼓励实施夹心保温一体化，夹心保温体系构造设计与结构受力机理要相匹配，否则也很容易带来安全隐患；另外夹心保温的保温材料要达到与主体结构一样的使用年限目前还不可能，而保温层耐久年限到了，保温失效如何替换维修，目前还没有解决方案。随着材料科学发展，将一些保温隔热材料像混凝土添加剂一样通过一定的配比掺入结构的混凝土，或许是真正外墙保温一体化的解决方案，这种“保温添加剂”要求对混凝土的强度和耐久性不会带来负影响，或者负影响在可控范围之内。PC外墙保温做法需要注意PC表面与保温层材料可靠粘结的问题，工程上有的采用在模台面涂刷缓凝剂，待PC外墙脱模起吊后，用高压水枪冲刷表面，使得粗骨料露出，以增强与保温粘贴层的粘结强度；也有的将PC外墙构件反转生产，将保温材料粘贴面放在浇筑面，在初凝前对表面进行粗糙面处理。

2）外墙PC接缝防水及密封材料选用问题

外墙PC接缝处是外墙防水的薄弱环节，尤其是墙底水平接缝的防水构造尤其重要，节点构造设计上应有多道防水，第一道就是空腔外的耐候密封胶的材料防水；第二道是接缝底部灌浆料的灌浆层，灌浆结合层既是结构受力连接层，也是外墙防水非常关键的部位，灌浆层的密实度就显得非常的重要。如果在夹心保温墙板中容易形成积水的情况下，还应有排水构造设计。除此之外还应考虑接缝密封胶宽度与结构层间变形的协调问题，以及接缝密封胶合理选用。

3）幕墙系统与SPCS体系一体化问题

在低密度的住宅产品中或高层住宅的底部楼层，外立面上经常会有石材幕墙的使用需求，应将石材幕墙系统与SPCS外墙一体化考虑设计。尤其是在夹心保温外墙中石材幕墙的使用，难度更大，在受力上，石材幕墙的竖向荷载，我们不希望传递给外叶墙板，再通过夹心保温拉结件传递给整个支承体（内叶墙板）上。石材幕墙的埋件的设计，要考虑使石材幕墙荷载直接传递给受力的内叶墙板，确保拉结件不承担额外荷载，不影响内外叶墙板的设计构造。

4）SPCS体系外墙与建筑立面效果问题

SPCS结构结构外墙的接缝会直接呈现在建筑外立面上，是个不容忽视的立面效果构成元素。在方案设计、初步设计阶段就应该结合建筑方案和结构方案一体化考虑。对于外墙采用面砖一体化反打技术的PC外墙，还应进行石材面砖的分割排版设计、对缝设计等。如果是夹心保温外墙面砖反打，还应对夹心保温连接的影响进行审核分析，对整个技术方案进行评估论证。

5）建筑标准化与SPCS体系一体化问题

在建筑方案设计阶段、初步设计等阶段，按照体系特点，对建筑标准化、模数化设计提出反馈意见。如：建筑平面凹凸对单面叠合外墙的影响，建筑立面线条造型对单面叠合外墙的影响，以及楼型组合关系、组合类型控制等都应提出一体化、标准化设计的建议和反馈，使项目有效的落地实施。

（2）机电设备与SPCS结构一体化问题

机电设备与SPCS结构结构一体化设计，要充分考虑水、暖、电各专业在预制构件上的预留预埋点位是否遗漏、是否埋错位置、是否与结构预埋连接件、钢筋冲突等问题，避免冲突碰撞带来后期的凿改，影响结构的安全。尤其要对预留洞口是否会削弱结构构件要进行重点审核确认，如：空调留洞穿梁、厨房排烟留洞等是否满足结构要求，是否采取了加强措施等进行审核。

3. 工厂生产、施工安装与SPCS结构一体化问题

工厂生产、施工安装所需的预留预埋条件是否满足后续生产、施工安装的要求，需要前期一体化考虑到位，避免后面凿墙开洞带来对结构构件安全带来影响。如：脚手架在SPCS结构上的预埋预留是否遗漏、是否偏位；塔吊扶墙支撑、人货梯拉结件与SPCS结构的支承关系是否经过确认，是否复核验算稳定和承载力；脱模吊点、吊装吊点设置是否合理，最不利情况是否包络，吊点是否经过计算复核等，都是SPCS结构一体化设计与生产安装需要集成考虑、重点审核的内容。

3.13.7 SPCS结构设计易出现问题及应对措施

SPCS结构体系是由三一筑工自主研发的新型结构体系，其从试点示范到全面应用，需要一定时间实践和经验总结，汇聚广大工程界从业者的智慧和经验，才能做得更好，真正的发挥其质量好、效率高、节约人工的优势。从现阶段实践情况看，针对SPCS体系设计可能出现的问题，可以从以下几个角度进行分析和寻求解决的方法。

1. 设计单位角度

设计质量管理的核心是技术质量管理、协调协同管理，形成行之有效的设计质量管理体系和机制，是确保SPCS结构设计质量的源头。

（1）建立适合本体系的设计管理机制

在传统设计项目上，已经形成了非常系统的设计协调机制，很多大型设计院都有自己特色的管理流程、质量保证体系，甚至开发各种软件系统平台、专家系统来辅助和强化设计质量管理。在SPCS结构体系设计项目管理上，目前还缺乏相关的系统性的管理经验，随着时间的推移，人才的培育和流动，经验的积累，一定会逐步走向正轨，逐步建立起适合装配式设计的管理流程和机制。

应尽早地形成BIM正向设计流程和协同机制，这是解决SPCS结构设计问题、确保设计质量的有效途径。BIM是一种工具，需要各专业有设计经验、设计能力的设计师来驾驭才能真正实现它的价值。当下一些“翻模BIM”、“后BIM设计”不能真正解决设计问题，效率不高，价值不大。

（2）强化新型体系设计意识

必须要强化沟通协调意识，改变以前传统现浇由施工安装单位在现场来整合集成，遗漏或者错误再来砸墙凿洞的粗放工法。

（3）建立SPCS结构特有的问题解决机制

遵循体系的特点和规律、建立SPCS结构的问题解决机制。SPCS结构内有很多暗埋的连接件，不能允许随意砸墙凿洞、植入后锚固件。在目前阶段，经常会有发现施工安装现场出现困难后，施工安装工人自行将钢筋剪断的现象，对于这种不规范作业的情况，从甲方、设计、施工、监理等各方都尤其应该加强管理，政府主管部门也可尝试从政策法规上进行强制规定规范作业要求；另一方面要大力培育产业工人，强化专业培训，提高从业人员的专业性。现场遇到问题，要形成第一时间反馈报告制度，解决方案和采取的措施应报设计单位核定，或由设计单位出具解决方案，不能由施工工人自行擅自处理。

2. 建设单位角度

建设单位在项目开发中起着决定性作用，项目的产品定位、实施路线、选择什么专业团队等都需要由建设单位最终决策，所有的乙方都围着建设单位出谋献策，贡献各自的专业技能和智慧，所以，建设单位的协同组织和决策起着非常关键的作用。

（1）制定装配式建筑项目标准化作业手册

建设单位可以组织相关的参建单位对自己的产品线进行深度研发，从开发管理流程、设计管理流程、施工管理流程等各方面进行标准化作业手册的制定，这也是避免设计环节出现问题的强有力措施。

（2）制定合理的设计周期

设计一体化、精细化的要求，需要有足够的人力和时间投入来完成，与传统粗放的现浇作业方式的设计周期是不好等同的。目前现实情况与媒体上宣传的省工期、省人工、省造价的理想还是有差距的，建筑单位不能被误导，给予装配式建筑设计合理的设计时间，将前置的一体化、精细化的设计工作充分做好，前期设计考虑越周详、越充分，才能真正地避免后续环节的差错，真正提高后续环节的工作效率，降低修正错误的代价。

（3）给予设计对等的设计费

充分考虑新体系设计工作量的不同，给予相应对等的设计费，选择有经验的设计单位和强化设计先行的保障思想，从设计源头上尽可能避免问题的产生。

（4）采购BIM服务

目前一些设计单位为了获取整体设计业务，有的采取免费赠送BIM设计的方式，往往没有真正的实施BIM，都是后面进行翻模，送一个使用价值不大的BIM模型。甲方应从质量控制角度出发，采购有能力的设计单位实施正向的BIM设计，让设计院有经费投入，整合更多资源，把BIM真正做起来，发挥其积极作用。

第 4 章　装配整体式叠合结构（SPCS）预制构件生产

装配整体式叠合结构（SPCS）体系的预制构件与传统装配式结构构件一样局部相似，均在工厂生产、加工并运至工地现场。最显著的不同之处在于，为满足双面叠合剪力墙与叠合柱的生产，PC 工厂生产线还应配有翻转台，离心机等设备需要设置成全自动生产线，其技术特点包括 BIM 模型驱动生产的控制技术、机器手自动拆/布模技术、高精度模台技术、自动翻转技术、智能养护技术等，叠合柱采用特殊法工艺，发明了叠合柱成型机。本章将在阐述 PC 构件生产制作工艺的基础上，介绍 SPCS 结构体系构件的生产方法。

4.1　预制构件模具设计与制作

预制构件模具，是指经过加工的钢材、铝合金或其他复合材料等经过组合并通过有效的连接使混凝土成型的一种工业产品。模具加工是预制构件生产的第一步，也是生产准备工作中最重要的环节。

4.1.1　模具的分类

模具由底模和侧模构成，底模为定模，侧模为动模，模具要易于组装和拆卸。模具有多种分类方法，模具按照材料进行分类如下：

1. 钢材

因为钢材的力学性能较为良好，目前钢材模具（图 4-1）在市场上是应用最广的材料。模具一般采用焊接以及螺栓连接两种连接方式。

图 4-1　预制构件墙板钢制模具

2. 铝材

铝制模具一般作为钢材的替代品，具有密度小，不易受到腐蚀等钢材不具有的优良的性质。

3. 水泥基材料

水泥基材料采用混凝土，所以成本较为低廉，比较适用于对于使用寿命要求不高或者构件复杂的模具。

4. 塑胶材料

近些年塑胶材料得到高速发展，应用也越来越广，主要是利用 PE 废旧塑料和粉煤灰、碳酸钙等生产的模具。

5. 木材

木材模具使用较为少见，多用于无需蒸汽养护且使用寿命要求低的构件模具。

6. 玻璃钢

玻璃钢常用于质感与构造较为复杂的构件模具。

4.1.2 预制构件模具的优缺点

目前主流的叠合体系构件与 SPCS 结构体系构件的模具均主要使用钢材与铝材。叠合楼板的生产亦可采用玻璃钢模具。

1. 钢材模具

钢材模具是市场上应用最广泛的材料，具有诸多优点：

（1）钢材强度大，刚度大，对抗剪力和拉应力具有优良的表现，使用寿命长，周转次数大。

（2）钢材较为平整，导致出模精度高，外观整洁平整。

（3）钢材模具拆装较为便利。

（4）钢材可以回收利用，绿色环保。

钢模具的缺点也较为明显：

（1）造价昂贵，加工成本较高。

（2）钢材密度较大，重量重，工人劳动强度大。

（3）钢材易受到电解腐蚀，维护费用较为昂贵。

2. 铝合金模具

铝合金模具多应用于立模、边模，铝材具有以下优点：

（1）铝的密度很小，仅为 2.7g/cm^3，重量轻。

（2）铝的表面因有致密的氧化物保护膜，不易受到腐蚀。

（3）铝材可回收利用，且回收价格高。

（4）铝材表面平整光滑，精度较高，构件浇筑观感好、质量高。

铝合金模板的缺点主要在于：

（1）前期一次性投入相对较大。

（2）构件制作过程中，设计变更不宜过多。

（3）因透气性差，若振捣不足或隔离剂涂刷不到位，易出现构件表面出现气泡或脱皮现象，初始浇筑观感质量差。

4.1.3 模具的设计

1.“四项”设计基本原则

（1）模块化设计原则

模具设计应符合模块化的要求，使其可以“一模多用”，一套模具生产多种构件，从而大幅降低模具成本。

（2）操作简单化原则

在生产过程中，组模和拆模不仅是影响生产效率的主要因素，同时还会对构件成品外观质量造成影响。所以，模具的易拆装显得尤为重要。模具的设计尽量追求操作的简单化。

（3）材料轻量化原则

在模具的生产过程中，材料在满足强度，刚度，韧性等力学性质的情况下，应尽量减少材料的使用量，既能减少重量，又能减少成本。

（4）智能化原则

在模具的设计过程中，应考虑到通过构件边模侧模的简单调整即可满足不同尺寸构件生产的需要，这样不仅可以提高模具的周转率、提高经济效益、更能从场地、材料等方面节约资源。

2. 模具设计内容

模具设计包括的主要内容有：

（1）确定模具使用的材料及基本模数。

（2）确定模具的分缝位置及分缝处的连接方式。

（3）确定模具与模台的连接、固定方式。

（4）确定模具拆模与组装方案。

（5）确定模具强度、刚度，对模具厚度、肋板位置进行设计。

（6）确定出筋位置及模具预留孔位置。

（7）确定模具应具有足够的承载力、刚度和稳定性，保证在构件生产时能可靠承受浇筑混凝土的重量、侧压力及工作荷载。

（8）对立模需要进行稳定性验算。

4.1.4　模具的制作

1. 模具制作的趋势

（1）专业化模具制造

受传统现浇在施工现场施工自行支设模板的影响，长期以来，有一些 PC 工厂采用非标准化金属材料自行加工的模具，这样不但无法保证构件生产质量，更会导致一些生产安全隐患。因此，选择专业化模具制造公司经过科学设计的模具是很有必要的。SPCS 结构体系构件制作难度大，精度要求高，更需要专业化模具制造公司来提供专业模具。

（2）高质量模具制作

模具制作、组装的精度直接决定了构件成品的质量与精度。SPCS 结构体系构件较主流装配式结构体系构件更加复杂且加工精度要求更高。如叠合柱纵筋位置精度要求很高，双面叠合剪力墙存在企口造型及大量的外露筋。因此高质量、高精度的模具制作已成为生产合格 PC 构件的必要前提。随着技术的进步，建议选择采用三维软件进行模具设计，不但可以使整套模具设计体系更加直观化、精准化，同时便于对生产现场进行更加形象化的模具使用技术交底。

（3）加工方式自动化

随着 PC 构件模具需求量的增加、质量要求日益提高以及机械化加工方式的成熟，模具的加工制造已经由传统的工厂师傅手工打造转变为 CAD/BIM 软件设计，CAM 编程、CNC 加工工件的标准化、现代化生产模式。

2. 模具制作的要求

模具制作的一般规定：

（1）模具应具有足够的承载力、刚度和稳定性，保证在构件生产时能可靠承受浇筑混凝土的重量、侧压力及工作荷载。

（2）模具应支拆方便，且应便于钢筋安装和混凝土浇筑、养护。

（3）模具所采用的隔离剂应有良好的隔离效果，且不得影响脱模后混凝土表面的后期装饰。

除此之外，模具还应满足：

（1）用作底模的台座、胎模、地坪及铺设的底板等均应平整光洁，不得下沉、裂缝、起砂或起鼓。

（2）应满足预制构件质量、生产工艺、模具组装与拆卸、周转次数的要求。

（3）应满足预制构件预留孔洞、插筋、预埋件、预留线槽等的安装定位要求。

（4）清水混凝土构件的模具接缝应紧密。不得漏浆、漏水。

（5）模具组装应按照组装顺序进行，对于特殊构件，钢筋应先入模后组装。

（6）预应力构件的模具应按照设计要求预设反拱。

（7）模具的部件与部件之间应连接牢固；预制构件上的预埋件均应有可靠的固定工装。

4.1.5 模具的基本构造

模具设计图纸与构造如图 4-2、图 4-3 所示。

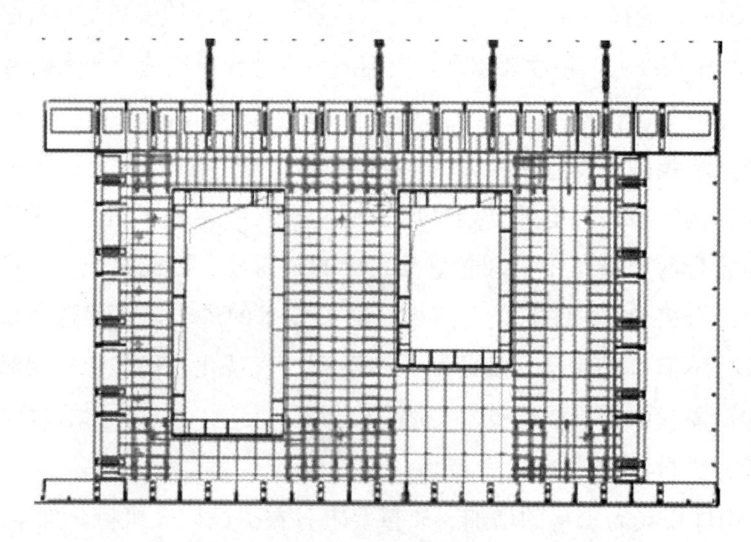

图 4-2 预制构件墙板模具设计图

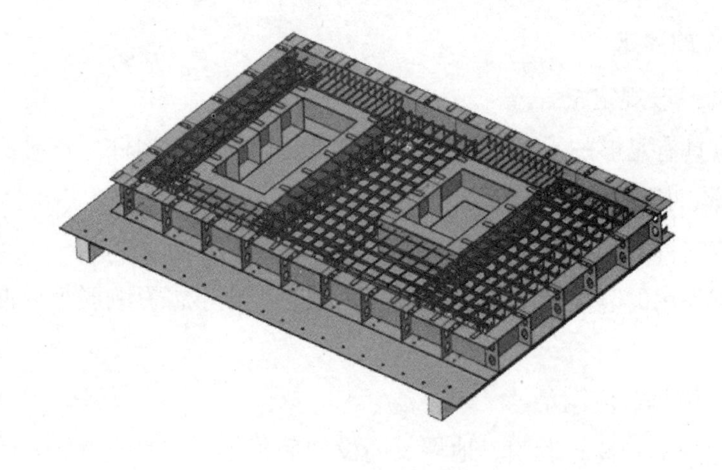

图 4-3 预制构件墙板模具

4.1.6　模具的质量验收

1. 平台验收

为确保构件生产质量，在模具拼装之前应对平台进行水平校验，之后每生产 10 件检查一次。

模台平整度检验标准应为：在模台上任意直线距离不超过 3m 的两点高低误差不得超过 2mm。

2. 模具验收

钢模必须进行质量验收，合格之后方可生产。在新模具组装后，也应质量验收，之后每次改模，应对同一性状的构件的模具进行检查，每生产 10 件检查一次。

模具应安装牢固、尺寸准确、拼缝严密，模具拼装精度可参考表 4-1、表 4-2 的要求。当设计有要求时，模具尺寸的允许偏差应按设计要求确定。

板类构件、墙板类构件模具尺寸允许偏差　　表 4-1

项次	检验项目		允许偏差(mm)
1	长(高)墙板	墙板	0,−2
		其他板	±2
2	宽		0,−2
3	厚		±1
4	翼板厚		±1
5	肋板宽		±2
6	檐高		±2
7	檐宽		±2
8	对角线差		Δ4
9	表面平整	清水面	Δ1
		普通面	Δ2
10	侧向弯曲	板	$\Delta L/1000$,且≤4
		墙板	$\Delta L/1500$,且≤2
11	翘曲		$L/1500$
12	拼版表面高低差		0.5
13	门窗口位置偏移		2

梁柱类构件模具允许偏差表 **表 4-2**

项次	检验项目		允许偏差(mm)
1	长	梁	±2
		柱	±5
2	宽		+2,−3
3	高(厚)		0,−2
4	翼板厚		±2
5	表面平整	清水面	Δ1
		普通面	Δ2
6	侧向弯曲	梁、柱	$\Delta L/1000$,且≤5
7	梁设计起拱		±2
8	拼版表面高低差		0.5
9	牛腿支撑面位置		±2

4.1.7 模具使用过程中的养护

模具使用过程中的养护与维护不仅可以延长模具使用寿命，更是保证构件生产质量的关键。模具使用过程中应注意以下几点：

(1) 定期保养：包括对模具的清理清洁，损坏处的修理等。

(2) 严禁暴力拆模：预制构件拆模过程中，工人应严格依照拆模流程操作，并使用专用拆模工具。

(3) 轻拿轻放：模具使用过程中应遵循轻拿轻放的原则，避免模具损耗。

(4) 及时清洁：预制构件浇筑混凝土后，要及时清理遗留在模具上的混凝土，避免后期因清洁干硬混凝土而导致的模具损耗。

4.2 装配式混凝土预制构件主要生产工艺

混凝土预制构件生产工艺主要包括固定平模工艺，立模工艺，长线台座工艺，平模机组流水工艺，平模传送流水工艺。本节将对不同的生产工艺分别加以介绍。

4.2.1 固定模台工艺

模板固定不动（图 4-4），在一个位置上完成构件成型的各道工序。包括数控划线、安置边模、喷隔离剂、安放钢筋、布料、振捣、刮平、预养护、抹光、拉毛养护、脱模、模具清洗等。固定模台工艺适合生产各种异形构件，尤其是对于构件形状有硬性要求的，固定模台工艺具有很大优势。SPCS 结构体系中叠合梁、叠合板、叠合柱均

图 4-4　固定模台

可采用固定模台工艺生产。

4.2.2　立模工艺

与固定模台工艺有所不同，立模工艺的浇筑过程是竖立的，这也使得立模工艺的构件两面同样平整，所以没有抹压面，脱模后无需翻转。

立模工艺适用于预制楼梯（图 4-5）、预制整体单元、无门窗的墙板，最大的优势在于占地面积小，节约空间资源，构件完成面质量高。

图 4-5　楼梯立模

4.2.3　长线台座工艺

适用于露天生产厚度较小的构件和先张法预应力钢筋混凝土构件，如预应力叠合板、预应力空心楼板（SP 板）等。台座一般长 100～180m，用混凝土或钢筋混凝土浇筑而成。在台座上（图 4-6），传统的做法是按构件的种类和规格现支模板进行构件的单层或叠层生产，或采用快速脱模的方法生产较大的梁、柱类构件。

图 4-6　预应力叠合楼板长线模台

4.2.4　平模机组流水工艺

平模机组流水工艺生产线一般设在厂房，适合生产板类构件，主要有墙板，楼板，阳台板，楼梯段。工序一般为在安放钢筋后，运用吊车对后续工序依次操作，工艺过程中，各种机械设备相对固定，只对吊车进行作业。

4.2.5　平模传送流水工艺

平模传送流水工艺生产线（图 4-7）与机组流水工艺生产线一样，一般设在厂房，不过更适合生产较大型的板类构件，如大楼板、内外墙板等。在生产线上，按照工艺要求，各道工序依次布置工作台。不同于平模机组流水生产线，平模传送流水线不需吊车，模具（模台和侧边模）借助导向轮和辊道行走，在沿生产线行走过程中完成各道工序，然后将已成型的构件连同钢模送进养护窑。在脱模之后，模具又可连续循环作业，实现自动化生产。平模传送流水工艺有两种布局，一是将养护窑建在和作业线平行的一侧，构成平面循环；一是将作业线设在养护窑的顶部，形成立体循环。SPCS 结构体系的双面叠合墙、叠合梁、叠合楼板均宜采用平模传送流水工艺。

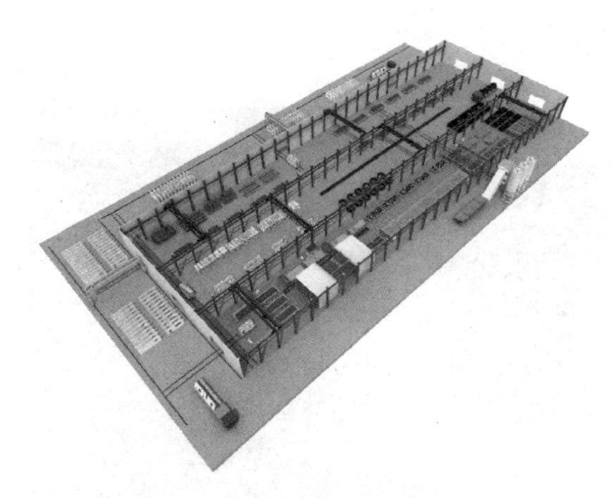

图 4-7　平模传送流水工艺

4.3　预制构件的生产流程

主流的预制构件（如：预制外墙板、内墙板、叠合楼板、阳台板、空调板等）的生产流程主要包括钢筋加工、模具组装、钢筋安装、预埋件安装、混凝土布料、收面与养护、构件脱模、成品检验、构件存放及发货等，本节主要介绍各个流程环节的质量控制要点及注意事项。

要特别指出的是，SPCS 结构体系中双面叠合剪力墙构件的生产工艺需要引进以下技术：BIM 模型驱动生产的控制技术、机器手自动拆/布模技术、高精度模台技术、自动翻转技术、智能养护技术。

而叠合柱因空腔内部有柱箍筋而需要利用特殊方法，通过对叠合柱体模具进行混凝土布料，具体发明专利为“构件成型方法及构件生产方法 201811072145.7”。双面叠合剪力墙和叠合柱的生产工艺将在下一节介绍。

预制构件的生产环节的主要流程工艺见图 4-8。

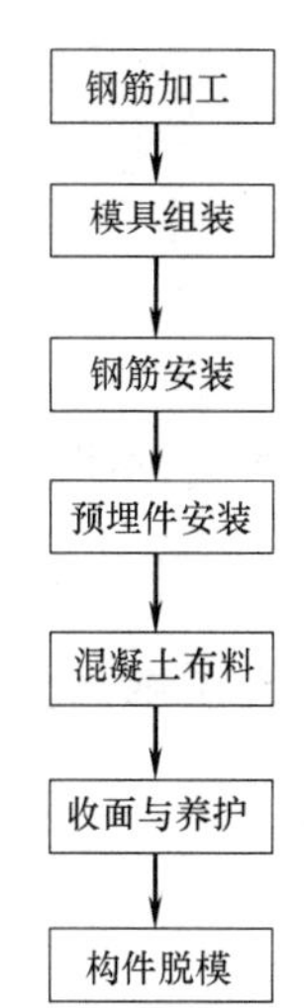

图 4-8　预制构件生产工艺流程图

4.3.1　钢筋加工

钢筋加工主要分为：全自动钢筋加工（图 4-9），半自动钢筋加工，人工钢筋加工（图 4-11）。

1. 全自动钢筋加工

通过计算机识别输入图样之后计算机控制设备，按照图样对钢筋进行全自动化的加工（图 4-10），可以大大提高工作效率，降低工作强度与减少人工作业。

图 4-9 全自动钢筋加工设备

图 4-10 加工好的钢筋

2. 半自动钢筋加工

将单件钢筋通过数控设备加工出来，再通过人工进行组装完成的钢筋骨架。

3. 人工钢筋加工

钢筋加工的全过程都由人工完成，适用于所有钢筋制作，但工作效率低，劳动强度大（图 4-11）。

钢筋加工的质量控制：

（1）主控项目

受力钢筋的弯钩和弯折应符合下列规定：

1）钢筋弯折的弯弧内直径应符合下列规定：

335MPa 级、400MPa 级带肋钢筋，不应小于钢筋直径的 4 倍。

图 4-11　人工钢筋加工

500MPa 级带肋钢筋，当直径为 28mm 以下时不应小于钢筋直径的 6 倍，当直径为 28mm 及以上时，不应小于钢筋直径的 7 倍。

箍筋弯折处尚不应小于纵向受力钢筋的直径。

2）纵向受力钢筋的弯折后平直段长度应符合设计要求。

3）箍筋、拉筋的末端应按设计要求作弯钩，并符合规范要求。

4）盘卷钢筋调直后应进行力学性能和重量偏差检验，其强度应符合国家现行有关标准的规定，其断后伸长率、重量偏差应符合表 4-3 的规定。

5）检验重量偏差时，试件切口应平滑并与长度方向垂直，其长度不应小于 500mm；长度和重量的量测精度分别不应低于 1mm 和 1g。

断后伸长率、重量偏差　　表 4-3

钢筋牌号	断后伸长率 A(%)	重量偏差(%)	
		直径 6～12mm	直径 14～16mm
HPB300	≥21	≥−10	—
HRB335/HRBF335	≥16	≥−8	≥−6
HRB400/HRBF400	≥15		
RRB400	≥13		
HRB500/HRBF500	≥14		

（2）一般项目

钢筋加工的形状、尺寸应符合设计要求，其偏差应符合表 4-4 规定。钢筋加工一般项目的检查数量应为：按每工作班同一类型的钢筋、同一加工设备抽查不应少于 3 件。检验方法为尺量。

钢筋加工的允许偏差　　表 4-4

项　目	允许偏差(mm)
受力钢筋沿长度方向的净尺寸	±10
弯起钢筋的弯折位置	±20
箍筋外廓尺寸	±5

4.3.2　模具组装

模具组装包括：模具清理（图 4-12），放线，组模。

模具的组装精度详见 4.1 节，同时模具组装应符合下列规定：

（1）模具组装前必须进行清理，安装时应在必要位置加设防胀模工装，工作面与模台必须保持垂直。

（2）固定在模具上的预埋件、预留孔应位置准确、安装牢固，不得遗漏。

（3）模具组装就位后，接缝及连接部位应有接缝密封措施，不得漏浆。

（4）模具验收合格后模具面均匀涂刷隔离剂，模具夹角处不得漏涂，钢筋、预埋件（不含重复利用预埋件）不得沾有隔离剂。

图 4-12　清理模具

4.3.3　钢筋安装

钢筋安装（图 4-13）共有全自动安装和人工安装两种方式，钢筋网片或骨架应符合《混凝土结构工程施工质量验收规范》GB 50204—2015，见表 4-5。

钢筋网或骨架尺寸和安装位置偏差　　表 4-5

项　目		允许偏差(mm)	检查方法
绑扎钢筋网	长、宽	±10	钢尺检查
	网眼尺寸	±20	钢尺量连续三档，取最大值

续表

项　目			允许偏差(mm)	检查方法
绑扎钢筋骨架	长		±10	钢尺检查
	宽、高		±5	钢尺检查
	钢筋间距		±10	钢尺测两端，中间各一点
受力钢筋	位置		±5	钢尺测两端，中间各一点，取较大
	排距		±5	
	保护层	柱、梁	±5	钢尺检查
		楼板、外墙板楼梯、阳台板	±5，−3	钢尺检查
绑扎钢筋、横向钢筋间距			±20	钢尺量连续三档，取最大值
箍筋间距			±20	钢尺量连续三档，取最大值
钢筋弯起点位置			±20	钢尺检查

钢筋安装应符合下列规定：

（1）预制构件所用钢筋须检验合格。

（2）钢筋骨架整体尺寸准确。

（3）在钢筋网上装轮式塑料垫块、墩式塑料垫块等控制保护层的支撑架，垫块在钢筋网上要稳固，特殊位置要用扎丝固定。

（4）所有钢筋交接位置及驳口位必须稳固扎妥。

（5）预留孔位须加上足够的洞口补强钢筋。

（6）钢筋应没有铁锈剥落及污染物。

（7）预制钢筋网片应标明型号、楼层位置、制造班组、生产日期。

（8）混凝土浇筑前应对钢筋进行隐蔽验收，经检验合格后方可进入下道工序。

图 4-13　工人钢筋安装

4.3.4 预埋件安装

预埋件的安装过程（图 4-14）中需要考虑到预留孔洞及预埋件的尺寸形状和中线定位偏差等，生产时需要逐项检查。预埋件需保证安装牢固，定位准确，浇筑混凝土的过程中振捣棒不能触碰预埋件，防止产生移位。预埋件安装处应严格保证混凝土振捣密实，尽量避免空洞产生。预埋件和预留孔洞的允许偏差和检验方法见表 4-6。

预埋件加工允许偏差 **表 4-6**

项目		允许偏差(mm)	检验方法
预埋钢筋锚固板	中心线位置	3	钢尺检查
	安装平整度	0,−3	靠尺和塞尺检查
预埋管、预留孔	中心线位置	3	钢尺检查
	孔尺寸	±3	钢尺检查
门窗口	中心线位置	3	钢尺检查
	宽度、高度	±2	钢尺检查
插筋	中心线位置	3	钢尺检查
	外露长度	+5,0	钢尺检查
预埋吊环	中心线位置	3	钢尺检查
	外露长度	+8,0	钢尺检查
预留洞	中心线位置	3	钢尺检查
	尺寸	±3	钢尺检查
预埋螺栓	螺栓中心线位置	2	钢尺检查
	螺栓外露长度	±2	钢尺检查
钢筋套筒	中心线位置	1	钢尺检查
	平整度	±1	靠尺和塞尺检查

图 4-14 预埋件安装

4.3.5　混凝土布料

1. 混凝土搅拌

PC 工厂应配置混凝土搅拌站，并合理设计混凝土配合比及外加剂用量。

（1）配合比设计

混凝土的配合比设计应按现行国家标准《普通混凝土配合比设计规程》JGJ 55 进行设计，并配有实验室出具配合比的通知单。混凝土中的各种成分要严格按照工艺标准配置，误差维持在±1%范围内。

（2）坍落度控制

生产车间所用混凝土的坍落度一般需要控制在 140±20 之间，坍落度过大，预养护时间则会增多，生产节拍被迫延长，效率下降，若坍落度较小，容易堵塞布料机，直接导致生产线崩溃，同时会延长预养时间，增大养护后的抹面压光难度，也会导致生产节拍的延长，效率下降。

（3）骨料粒径

骨料粒径一定要严格控制防止自动布料机布料时，造成布料机的堵塞，妨碍生产。

2. 混凝土运输

若工厂流水线混凝土浇筑振捣车间设置在混凝土搅拌车间出料口位置，布料机可以直接被灌入混凝土，进行布料，无需设置混凝土运输环节；若两车间距离较远或成产工艺为固定模台，则需要运输环节。

预制构件工厂常用的运输混凝土方式有两种：起重机-料斗运输和自动鱼雷罐运输（图 4-15）搅拌车间内的混凝土供给量不足时，可能会从厂外使用搅拌罐车运输商品混凝土。

图 4-15　自动鱼雷罐

3. 混凝土浇筑

混凝土取样与试块留置应符合现行国家标准《混凝土结构工程施工质量验收规

范》GB 50204 的规定。混凝土浇筑前先清理干净模具内的杂物，必要时需采用压缩空气或吸尘器清理模内尘土。安装模具时应在必要位置加设防胀模工装，工作面与模台必须保持垂直。固定在模具上的预埋件、预留孔应位置准确、安装牢固，不得遗漏。模具安装就位后，接缝及连接部位应有接缝密封措施，不得漏浆。模具验收合格后模具面均匀涂刷隔离剂，模具夹角处不得漏涂，钢筋、预埋件（不含重复利用预埋件）不得沾有隔离剂。混凝土采用布料机自动浇筑（图 4-16），浇筑时要从一侧或一端开始，构件厚度较大时需要分层浇筑，分层振捣。由专业的工人振捣混凝土（图 4-17），在埋件处和钢筋密集处需要加强振捣。浇筑完成后，及时将掉在横杠上、模具上的混凝土以及剩余的混凝土清除干净。

图 4-16　布料机布料

图 4-17　混凝土振捣

混凝土浇筑、振捣要求：

1）按规范要求浇筑混凝土，每层混凝土不可超过 450mm。

2）振捣混凝土时限应以混凝土内无气泡冒出为准。

3）振捣混凝土时，应避免钢筋、模板等振松。

4）振捣后应对预埋件位置进行目视检验。

5）可根据工艺要求对预埋采用湿拆模作业方法。

6）清洁料斗、模具、外露钢筋及地面。

7）预制构件表面混凝土整平后，宜将料斗、模具、外露钢筋及地面清理干净。

4.3.6　收面与养护

1. 浇筑表面处理

（1）压光与拉毛

第一遍抹压：混凝土浇筑后先用木抹子揉搓抹平，再用铁抹子轻轻抹压，至出浆为止。

第二遍抹压：当面层混凝土初凝后，用铁抹子进行第二遍抹压。把凹坑、砂眼填实、抹平，注意不应漏压。

第三遍抹压：第二遍抹面之后，应按不同气温保证必需的静定时间，待混凝土初步收干后进行第三遍抹平。用铁抹子进行抹压。抹压时要用力稍大，抹平压光不留抹纹为止，达到面层表面密实光洁。

拉毛：对于需要表面拉毛的预制构件，可在混凝土三次抹面后方可进行。拉毛进行过程中不得停留，以便保证拉毛纹理顺畅美观，且满足规定、规范要求深度。

图 4-18　压光面处理

（2）抹角

浇筑面做成 45°抹角，如叠合板上下边角，一般采用人工抹或内模成型等。

（3）键槽

需要在浇筑面预留键槽的，应在混凝土浇筑前在模具上对应位置预先放置键槽块。

2. 养护

混凝土浇筑后应及时进行保湿养护，预制构件的养护分为流水线养护窑（图 4-19）养护、自然养护方式。选择养护方式应考虑现场条件、环境温湿度、构件特点、技术要求、施工操作等因素。

图 4-19　养护窑

（1）流水线养护窑养护

1）内墙板与外墙板分开入窑、分列养护（图 4-19）。

2）养护时间指构件入窑所需最短的时间。构件的养护遵循先进先出，后进后出的原则。

3）构件在养护窑内升温养护时，当构件表面温度与养护窑内温差≥25℃时，宜按照 20℃/h 进行升温控制。

4）降温方法采用关窑降温或出窑保温降温，要求预制墙板内外温差＜10℃，其他构件＜25℃。

5）外墙板反打工艺温度应提高 10℃，出窑后如不产生裂缝，可以缩短降温时间。

（2）自然养护

自然养护方法为防止早期裂缝，应尽早养护，气温 30℃（含）以上，12h 内浇水养护；20～30℃温度 20h 内浇水养护；5～20℃温度 24h 浇水养护；5℃以下覆盖薄膜养护。养护每 2h 浇水一次。

4.3.7　构件脱模

（1）模板拆除时混凝土强度应符合设计要求；当设计无要求时，应符合现行国家标准《混凝土结构工程施工质量验收规范》GB 50204 的要求。

（2）对后张预应力构件，侧模应在预应力张拉前拆除；底模如需拆除，则应在完成张拉或初张拉后拆除。

（3）脱模（图 4-20）时，应能保证混凝土预制构件表面及棱角不受损伤。

（4）模板吊离模位时，模板和混凝土结构之间的连接应全部拆除，移动模板时不得碰撞构件。

（5）模板拆除后，应及时清理板面，并涂刷隔离剂；对变形部位，应及时修复。

图 4-20　脱模

4.3.8　成品保护

（1）根据预制构件类型、规格、使用次序等条件，有序堆放，保证堆放整齐、平直、下方垫木方或枕木，且设有警告标示。

（2）预制构件外部的金属预埋构件需要做防锈处理，防止锈蚀。

（3）产品表面干净，防止油漆、油脂的污染。

（4）成品堆放隔垫应采用防污染措施。

4.4　SPCS 叠合剪力墙与柱的生产工艺

采用焊接钢筋网片和成型钢筋笼的叠合剪力墙、采用焊接成型钢筋笼且一次整体成型的叠合柱，是 SPCS 结构体系的重要构件，经查新，也属于首创。

SPCS 结构体系中的主要构件均建议采用平模传送流水工艺进行生产，但双面叠合剪力墙的生产需自动生产线添加翻转台方可实现，而叠合柱因空腔内部有柱箍筋而需要利用专有装备，通过专有装备对叠合柱体模具进行混凝土布料。

4.4.1　双面叠合剪力墙生产工艺

双面叠合剪力墙的生产流程如下：

外叶墙板模具安装→外叶墙板钢筋安装→预埋与预留安装→混凝土布料→拉毛→

养护→内叶墙板模具安装→内叶墙板钢筋安装→预留预埋安装→外叶墙板翻转→内外叶墙板合模→整体养护→构件脱模（图 4-21～图 4-27）。

图 4-21　模具组装（机器手自动布模）

图 4-22　钢筋与预埋件安装

图 4-23　混凝土布料

图 4-24　构件拉毛

图 4-25　构件养护

图 4-26　构件翻转

图 4-27　与外叶墙板组合

4.4.2　叠合柱生产工艺

SPCS 结构体系中的叠合柱生产与传统工艺有着较大的区别，由于叠合柱空腔内分布着柱体箍筋，采用传统工艺时，只能逐一每边浇筑柱体的混凝土预制层，分别通过四次浇筑完成柱体生产，但这样不仅效率低下更难以保证质量。

经过多次论证与实践，我们研究发明了一次性整体生产叠合柱的专用模具和专有装备，不仅大大提高生产效率，构件质量也得到了充分保证。

预制叠合柱的专有装备，通过特定方式制作的叠合柱如图 4-28 所示。

图 4-28　叠合柱实物图

4.5　SPCS 结构体系预制构件质量标准

PC 构件脱模后应进行外观及构件尺寸的验收，SPCS 结构体系构件成品验收的过程与要求同主流预制构件相似，但亦有其特殊要求。构件不得有严重外观缺陷及主控项目异常，一般项目必须经过修复合格后方可入库和发货。

外观质量标准：

（1）外观质量标准可参考表 4-7，或依据设计要求：

外观质量标准　　**表 4-7**

名　称	现　象	严重缺陷	一般缺陷
露筋	构件内钢筋未被混凝土包裹而外露	纵向受力钢筋有露筋	其他钢筋有少量露筋
蜂窝	混凝土表面缺少水泥砂浆而形成石子外露	构件主要受力部位有蜂窝	其他部位有少量蜂窝
孔洞	混凝土中孔穴深度和长度均超过保护层厚度	构件主要受力部位有孔洞	其他部位有少量孔洞
夹渣	混凝土中夹有杂物且深度超过保护层厚度	构件主要受力部位有夹渣	其他部位有少量夹渣
疏松	混凝土中局部不密实	构件主要受力部位有疏松	其他部位有少量疏松
裂缝	缝隙从混凝土表面延伸至混凝土内部	构件主要受力部位有影响结构性能或使用功能的裂缝	其他部位有少量不影响结构性能或使用功能的裂缝

续表

名　称	现　象	严重缺陷	一般缺陷
连接部位缺陷	构件连接处混凝土缺陷及连接钢筋、连接件松动	连接部位有影响结构传力性能的缺陷	连接部位有基本不影响结构传力性能的缺陷
外形缺陷	缺棱掉角、棱角不直、翘曲不平、飞边凸肋等	清水混凝土构件有影响使用功能或装饰效果的外形缺陷	其他混凝土构件有不影响使用功能的外形缺陷
外表缺陷	构件表面麻面、掉皮、起砂、沾污等	具有重要装饰效果的清水混凝土构件有外表缺陷	其他混凝土构件有不影响使用功能的外表缺陷

（2）质量主控项目：

1）预制构件脱模强度应满足设计强度要求，当无设计要求时，应根据构件脱模受力情况确定，且不得低于混凝土设计强度的 75%。

检查数量：全数检查。

检验方法：检查混凝土试验报告。

2）预制构件的预埋件、插筋、预留孔的规格、数量应符合设计要求。

检查数量：全部检查。

检验方法：观察和测量。

3）双面叠合剪力墙的拉结连接件的类别、数量及位置应符合设计要求。

检验数量：抽样检验。

检验方法：观察和测量。

4）批量生产的叠合梁、叠合板其结构性能应满足设计或标准规定。

检验数量：应按同一工艺正常生产的不超过 1000 件且不超过 3 个月的同类型产品为 1 批。

检验方法：按国家现行标准《混凝土结构施工质量验收规范》GB 50204 的规定进行检验。

（3）质量一般项目：

1）外观质量一般项目

预制构件不应有表 4-7 外观质量标准表中所叙述的一般问题，对于出现的一般问题，需经修复后满足质量标准方可使用。

2）构件尺寸偏差

预制构件的尺寸偏差应满足设计要求及国家、地方标准，同时参考表 4-8。

预制构件制作质量检验允许偏差（mm） **表 4-8**

检查项目		允许偏差	检查项目			允许偏差
叠合墙板	墙板水平长度	±4	墙板上对应梁安装的槽口	槽口宽度、高度		+5
	上下层相同位置墙片边缘位置差	5		槽口侧壁定位偏差		+5
	内页板安装缝宽度	+5	门窗洞	中心位置偏移		5
	外页或内叶墙板厚度	−3		宽度、高度		±3
	叠合墙板总厚度(外墙或内墙)	±3	预留孔	中心位置偏移		5
	墙板高度	±3		孔尺寸		±5
叠合柱	柱截面边长	±3	预埋套筒	预埋件锚板中心位置		5
	柱高度(预制混凝土部分)	±5		预埋件锚板与混凝土面平面高差		0,−5
叠合梁	梁水平长度	±5		预埋螺栓中心位置		2
	梁截面宽度	−3		预埋螺栓外露长度		+10,−5
	梁截面高度	±5		预埋套筒,螺母中心线位置		2
表面平整	梁、板、柱、墙板内表面	5		预埋套筒、螺母与混凝土面平面高差		0,−5
	墙板外表面	3		线盒、电盒、吊环中心位置偏差		20
对角线差	板	10		线盒、电盒、吊环与构件表面偏差		0,−10
	墙板、门窗口	5	预留插筋	中心线位置偏差	叠合柱纵筋	2
侧向弯曲	梁、板、柱	1/750 且≤20mm			其他构件	3
	墙板	1/1000 且≤20mm		外露长度	叠合柱纵筋	−3
翘曲	墙板	1/750			其他构件	+5,−5
	板	1/1000		预制柱纵筋总长度		−5
挠度变形	梁、板起拱	±10	键槽	中心线位置		5
	梁、板下垂	0		长度、宽度、深度		±5
预留洞	中心线位置	10	后置钢筋笼外轮廓尺寸			−5
	孔尺寸	±10				

检查数量：同一台班生产的同类型构件抽查5%且不少于3件。

检查方法：目测和尺量。

4.6 混凝土预制构件工厂布局

4.6.1 工厂基本设置

叠合式混凝土预制构件工厂设置如图4-29所示，主要包括叠合墙/板自动生产线、固定模台线和堆场存放区。

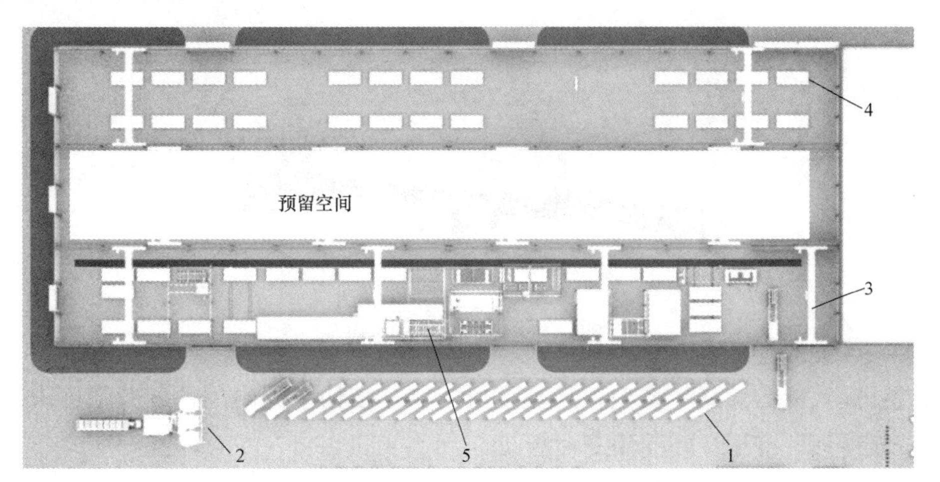

图 4-29　叠合式混凝土预制构件工厂设置

1—构件堆场；2—搅拌站；3—叠合墙/板自动生产线；
4—固定模台线；5—钢筋加工线

4.6.2　厂区设备简介

1. 模台预处理系统

包括清理机（图 4-30）、隔离剂喷雾机（图 4-31）等几大装置。

清理机：双辊刷清扫，轻松清扫模台上的混凝土残渣及粉尘，清洁效率更高，清洁效果更好。

隔离剂喷雾机：模台经过时自动喷洒隔离剂，雾化喷涂，喷涂更加均匀，不留死角，效果更好；独特设计的宽幅油液回收料斗，耗料更少，便于清洁。

图 4-30　清理机

2. 模台循环系统

模台循环系统包括模台（图 4-32）、模台横移车（图 4-33）、导向轮（图 4-34）、驱动轮（图 4-35）。

图 4-31　隔离剂喷雾机

模台：超大模台，毫米误差；长宽度可定制，结构坚固耐用，疲劳强度大，采用有限元分析手段，变形少，使用寿命更长。

模台横移车：伺服电机驱动，定位精度高；采用三一 SYMC 控制器，双机同步性高；完美匹配流水线作业标准，自动控制完成变轨作业，极易操作。

驱动轮：三一自主研发高耐磨橡胶轮，摩擦力更大，使用寿命更长；采用高度可调节安装方式，安装更加便捷。

导向轮：独立固定于地面上，作为模台的承载输送轮，标高为 450mm。

图 4-32　模台

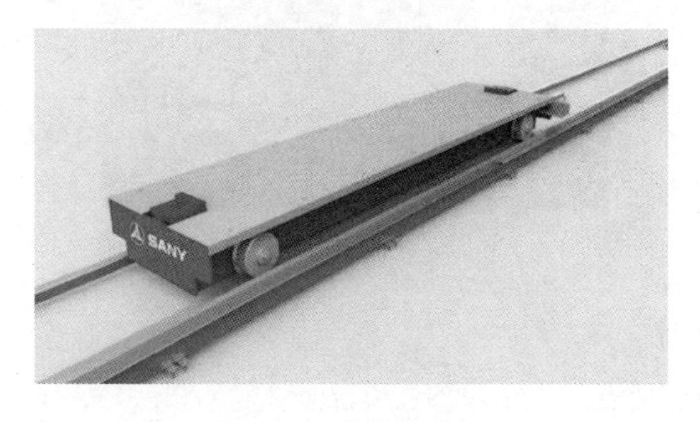

图 4-33　模台横移车

图 4-34　驱动轮（带减速机）

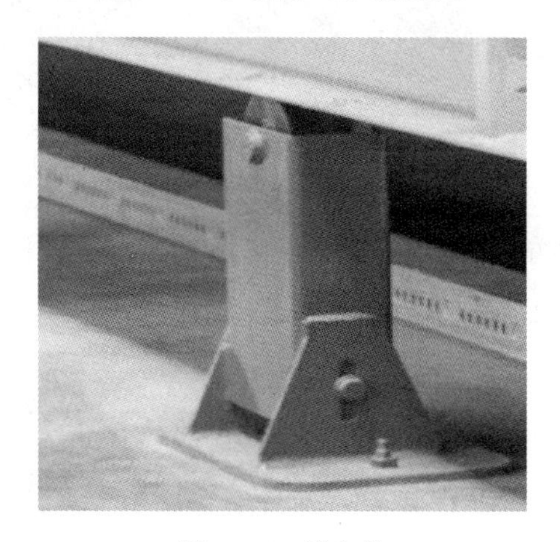

图 4-35　导向轮

3. 模台翻转系统

模台翻转系统的主要设备是翻转机（图 4-36）。

翻转机：自动完成翻转、合模，翻转作业时间小于 10min，效率高；停靠位置精确，运行过程平稳；软件界面操作简单，实现 PMS 集成控制。

图 4-36　翻转机

4. **布料系统**

包括混凝土输送机（图 4-37）、布料机（图 4-38）、振动台、振动赶平机、抹光机。

混凝土输送机：采用变频或伺服自适应驱动，根据放料量及放料速度自动控制速度，运行更加平稳；具备带坡度运输能力；液压驱动料门，有效防止卡滞和漏料；无缝连接搅拌站和生产线，全自动化运行；并提供手持式无线遥控，维护操作更加方便。

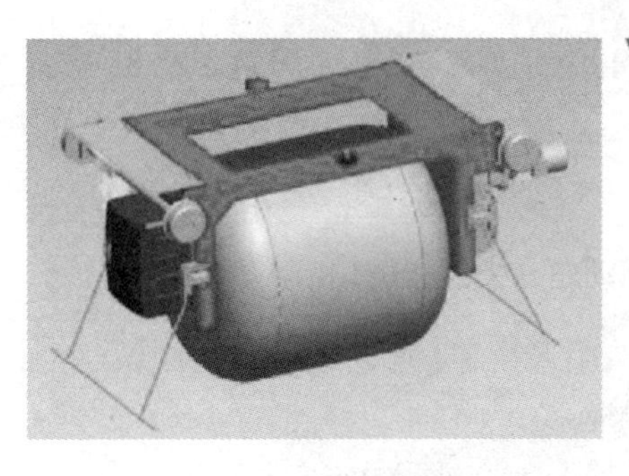

图 4-37　混凝土输送机

布料机：程序控制智能布料，完美实现按图纸布料；可根据客户混凝土种类性质配置摊铺式或螺旋式布料机。

5. **中央控制室**

图 4-38　布料机

中央控制系统采用基于工业以太网的控制网络，集 PMS（生产管理）系统，PBIS 系统，搅拌站控制系统，全景监控系统于一体，是工厂实现自动化，智能化，信息化的核心，其配置的 PBIS 系统借助 RFID 技术可实现构件的订单、生产、仓储、发运、安装、维护等全生命周期管理（图 4-39）。

图 4-39　中央控制室

6. **其他设备**

（1）成品构件运输车

成品构件运输车（图 4-40）有如下优势：

运输能力强：可装 9.5m×3.75m 超大构件，自动装卸，单次装卸不超过 5min，配置有液压夹具，快速固定构件。

技术先进：具备装卸，行驶和越野三种模式；自适应减振，并且第三桥可升降，有效降低能耗和磨损。

安全可靠：配置 ABS 系统，且三桥均带有驻车制动，同时左右桥可自动平衡，有效防止侧翻。

装载过程如图 4-41 所示。

图 4-40　成品构件运输车

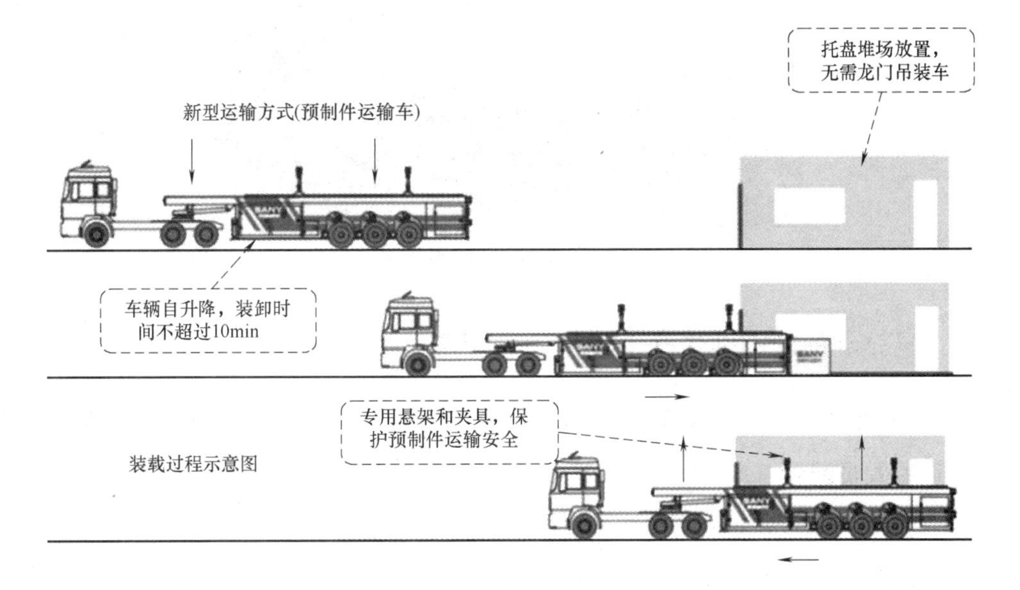

图 4-41　装载过程示意图

（2）重型叉车

重型叉车（图 4-42）PC 专用叉具、叉刀、铲斗和吊具可快速互换，整机多功能，既能叉货物、铲斗铲沙子碎石、吊钩吊散货，又能使用专用叉具吊装PC构件。

图4-42　重型叉车

（3）PC专用搅拌站

PC专用搅拌站如图4-43所示。

专用于PC工厂细骨料匀质混凝土生产；控制系统无缝集成到PC中央控制室，减少人工；环保，智能验秤、智能计量、智能卸料技术、控制程序自动定制技术，实现小方量的精准搅拌。

图4-43　PC专用搅拌站

4.6.3　混凝土预制构件生产工艺劳动力配置

以5万产能的厂房为例，管理人员与作业人员的人数可参考如下岗位与人员配置：

1. 管理人员配置

厂长1名，生产经理1名，计划员1名，商务经理1名，财务经理1名，人事经理1名，工艺技术经理1名，质量主管1名，质检员4名，采购员1名，试验员3名。

2. 生产人员配置

（1）半自动生产线（模台可以自动流转，但拆模，清台，布筋，仍需人工操作）

拆模 4 名，组模 4 名，模台清理 4 名，钢筋下料 2 名，钢筋骨架绑扎 4 名，钢筋布料 8 名，混凝土浇筑 4 名，养护工 2 名（操作养护窑与堆垛机），收面工 6 名，成品修补工 4 名，叉车、搬运工 4 名，吊车操作工 3 名，设备维护 2 名，杂工 4 名，6S 管理专员 1 名，线长 2 名，中央控制室监控员 2 名，搅拌站操作员 2 名。

（2）全自动生产线（可实现全自动清模，组模，钢筋布料，混凝土布料的生产线）SPCS 双面叠合剪力墙可采用此种类型的生产线

图纸录入 1 名，系统操作员 1 名，模台清理 0 人，自动画线 0 人，自动组模 0 人，隔离剂喷涂 0 人，钢筋加工 4 人，预埋与吊钩安装 2 人，混凝土布料与振捣 0 人，养护与堆垛 2 人，脱模 2 人，杂工 2 人，设备维护 1 名，起重与运输 4 人，搅拌站设备操作 2 人。

4.7　预制成型钢筋网片与钢筋笼技术应用

钢筋焊接网的发明始于 20 世纪初期，在 20 世纪二三十年代，正规的钢筋焊接网厂陆续在美国、德国、英国等地建成，至今已有百余年历史。第二次世界大战后，焊接网除了在欧洲国家普及以外，在五六十年代也逐步将此技术带入东南亚国家。新加坡和马来西亚两个国家由于政府的推动，焊接网的设计已作为两国的建筑结构设计首选。

图 4-44　新加坡楼板预制成型钢筋网片

我国青岛钢厂于 1987 年首先从国外引进了焊接网生产线，之后，各地和一些外资公司陆续建成一批钢筋焊接网生产线。目前，国内已具备广泛推广焊接网的应用发展条件，在政府有关部门制订的焊接网发展规划基础上，我国钢筋焊接网市场潜力巨大，前景广阔。

图 4-45　新加坡剪力墙预制成型钢筋网片

图 4-46　新加坡柱预制成型钢筋笼

4.7.1　焊接钢筋网片与钢筋笼设计流程

通常情况下，设计院结构施工图中的配筋图不能直接用来指导生产加工成型钢筋网片和钢筋笼，需要钢筋加工厂工艺技术人员对设计院的配筋图进行深化设计，生成钢筋网片与钢筋笼深化设计图纸，才能通过专用加工设备加工。根据国内外成熟经验来看，焊接网片与焊接钢筋笼的设计流程大体有如下几个步骤：

（1）施工方为钢筋加工企业提供建筑施工图。

（2）钢筋加工企业依据建筑施工图及钢筋焊接网片机性能对结构配筋图进行深化设计，从而形成钢筋网片与钢筋笼深化设计图。

（3）根据钢筋网片与钢筋笼深化设计图进行加工制作。

（4）钢筋加工企业将生产制作好的钢筋网片与钢筋笼及深化设计图纸提供给施

工方。

(5) 施工方根据深化设计图纸，直接现场安装钢筋网片与钢筋笼。

4.7.2　成型钢筋网片与钢筋笼技术在 SPCS 结构体系中的应用

与 4.7.1 节中所述的钢筋网片与钢筋笼设计流程不同，SPCS 结构体系在设计过程中就直接根据未来钢筋成型加工焊接需要将配筋设计成符合钢筋成型加工的形式，使钢筋加工工厂可以根据结构配筋图和构件深化设计图直接生产成型钢筋网片和钢筋笼，大大提高了生产效率。

4.7.3　成型钢筋网片与钢筋笼的生产制作

(1) 定型钢筋网片生产流程

钢筋焊接网在目前计算机行业高速发展的情况下，一般采用自动化生产，人工焊接不再适用。自动化流水线的生产工序如下：

纵筋盘卷→调直→牵引
横向分布钢筋盘卷→牵引→调直→切断→落料 } →焊接→网片定尺切断

SPCS 结构体系的墙体网片、梁箍筋、梯子形钢筋均可采用此种生产流程。

(2) 定型钢筋笼生产流程

定型钢筋网片、箍筋等生产完毕后，可通过人工焊接架立钢筋的方式，制作定型钢筋笼。

图 4-47　成型钢筋网片焊接机

图 4-48　焊接成型的钢筋网片

图 4-49　焊接成型的叠合剪力墙钢筋骨架

第5章　装配整体式混凝土叠合结构（SPCS）施工

SPCS结构体系施工与传统现浇结构施工相比，有如下一些显著的特点：

吊装工作量大、质量要求高；现场吊装用施工材料、工装多；PC现场作业工人少，专业吊装人员多，对工人专业素养要求高。

针对装配整体式混凝土叠合结构体系的特点，我们组织人员对SPCS的施工技术进行了专题研究，创新形成了装配整体式叠合结构免脚手架施工工艺、混凝土叠合柱快速施工工艺、装配式叠合剪力墙焊接钢筋笼安装工艺等成果，实现了SPCS结构的便捷、快速和安全施工。

本章节将从人员配置、材料准备、施工工艺、质量标准等方面介绍SPCS结构体系施工过程管理。

5.1　施工条件

5.1.1　施工人员配置

1. 施工管理人员主要岗位

（1）项目经理

全面负责施工技术、安全生产、现场指挥、协调管理。

（2）技术总工

负责装配式工程的施工技术、安全生产、质量管理方案的编制，并组织日常检查验收工作。

（3）生产经理

主管生产部的部门经理，依据装配式构件成本、质量和数量的规划计划、指导和协调构件生产活动和原材料的供给。

（4）技术员

负责落实装配式工程施工方案、现场施工的安全生产、检查验收和作业班组的管理协调。

（5）质检员

负责公司所有原材料、预制构件、设备的质量检查工作及装配式结构施工质量过程控制、跟踪检查和隐蔽验收。

2. 施工专业技术工人主要岗位

（1）测量放线工

测量放线工是指利用测量仪器和工具测量建筑物、PC构件的平面位置和高程，并按施工图放实样、确定平面尺寸的人员。

（2）信号工

信号工是指在PC构件吊装、安装过程中，向起重设备操作员、驾驶员传递信号的人。信号工需熟悉PC构件吊装、安装全过程施工工艺并具备质量意识、安全意识、责任心意识。

（3）安装工

负责按照施工方案安装组合预制构件的人员。

（4）辅助工

主要负责PC构件吊装、连接、安装辅助工作等。

（5）木工

依据设计图纸配置安装现浇部分、预制构件后浇节点的模板。

（6）钢筋工

负责使用工具及机械，对钢筋进行除锈、调直、连接、切断、成型、安装钢筋骨架的人员。

（7）灌浆工

灌浆工主要负责灌浆套筒、构件与楼板水平拼缝、构件与构件之间的竖向拼缝的灌浆工作。灌浆工应熟悉灌浆料的配合比、灌浆流程，并具备强烈的质量意识与责任心。

5.1.2 施工机具与材料

1. 塔吊选型与平面布置

（1）塔吊选型及布置原则

1）依据施工流水段合理布置塔吊位置，既要避免工作盲区也要避免塔吊浪费。

2）塔吊的起重重量与起重半径应满足其覆盖范围内构件吊装的需要。

3）与结构施工过程紧密配合，合理安排塔吊安装时间，避免塔吊浪费与闲置。

4）设计好塔吊的安装和拆除空间，满足塔吊的安装拆卸要求。

5）合理规划塔吊位置，做好塔吊与周边建筑物、塔吊与塔吊之间的相互避让。

（2）塔吊布置

根据塔吊与建筑的相对关系，可将塔吊布置分为中心布置与边侧布置两种（图5-1）。

2. 履带式起重机和汽车式起重机

小型建筑或塔式起重机作业盲区时可选用履带式起重机或汽车式起重机配合施工

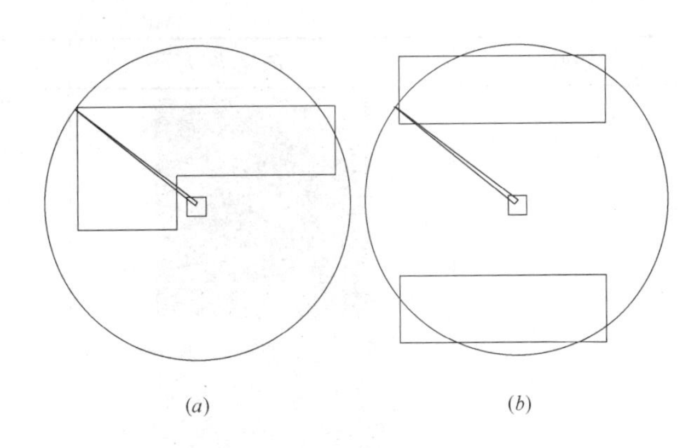

图 5-1　塔吊布置

（a）中心布置；（b）边侧布置

（图 5-2）。

图 5-2　履带式起重机和汽车式起重机

3. 施工材料与工具

SPCS 结构体系施工所用主要施工材料与工具见表 5-1。

主要施工材料与工具　　**表 5-1**

序号	名称	规格型号	图片	用途
1	全站仪			测量放线
2	水准仪	QS24-DL9		标高测量

续表

序号	名称	规格型号	图片	用途
3	吊钩			构件吊装
4	吊绳（钢丝绳）			构件吊装
5	框架吊梁		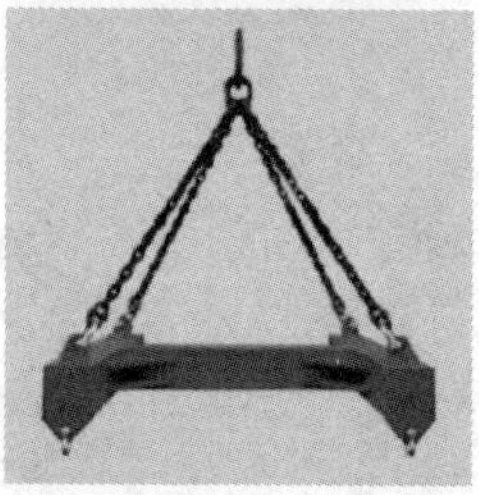	叠合板、楼梯吊装工装
6	单根吊梁		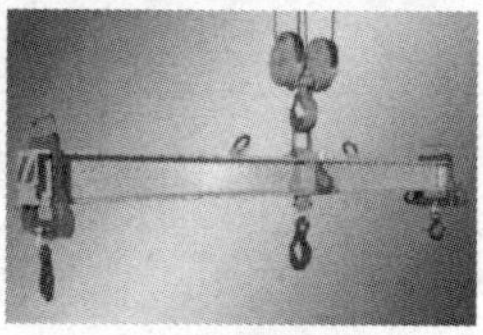	叠合墙板、柱吊装
7	倒链	5t/10t		构件校正
8	塑料垫片	5mm/2mm/1mm	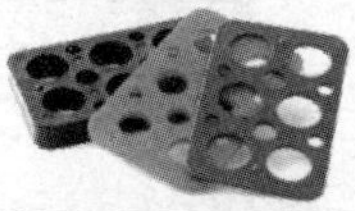	预制件标高调节
9	电动扳手			螺栓锁紧
10	膨胀螺栓			固定斜支撑

续表

序号	名称	规格型号	图片	用途
11	斜支撑			预制构件固定
12	角磨机	GWS 8-100		墙体切割、磨平
13	直螺纹套筒			钢筋连接
14	冷挤压套筒			钢筋连接
15	检测尺	2m	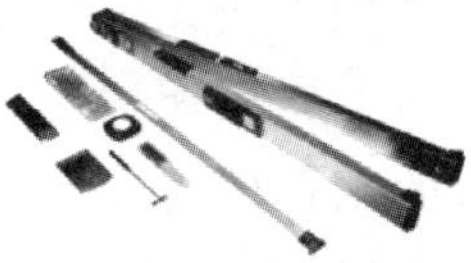	构件安装垂直度检测
16	撬棍			构件调整
17	PE 棒	25mm/20mm		外墙构件接缝处封堵
18	防水密封胶			构件接缝处外部封堵

续表

序号	名称	规格型号	图片	用途
19	水桶	20L		盛水容器
20	铝模板			后浇节点模板

5.1.3 PC构件进场与现场堆放

1. 构件运输与进场验收

工厂车间生产的构件需采用平板车运输至施工现场，预制叠合楼板、预制楼梯、预制叠合梁、预制叠合柱需要平放运输，预制双面叠合剪力墙则需要竖直放置运输。为减轻运输中的损坏，墙板的放置角度要大于30°，并有效固定或使用专用运输车运输。运输车需要设置缓冲装置保护构件，见图5-3～图5-5。

图5-3　叠合板运输

预制构件进场后，施工单位应检查构件出厂合格证、试块强度报告、构件力学性能检测报告等，并对进场构件进行抽样检验，对有外观、钢筋、预埋预留缺陷的构件应及时联系PC工厂进行修补或做报废处理。

图 5-4　预制双皮墙运输

图 5-5　预制楼梯运输

2. 构件的现场堆放（图 5-6～图 5-8）

预制构件运输到现场后应堆放在塔吊有效工作范围内，平放的预制构件底面（如底盒楼板、叠合梁、叠合柱等）要求架设定型混凝土块或枕木，双面叠合剪力墙应放置于专用构件存放架上，避免损伤。

预制构件堆放场地、场内道路应进行硬化或夯实处理，道路的承载能力应大于构件运输车与预制构件总重量。堆放场做好排水措施，根据施工场内条件需设置构件临时堆放场，每楼根据预制构件数量不同划分不同面积的堆场，但要为人员走动及构件修复等留出空间。构件现场存放基本要求如下：

（1）构件卸放、堆放、吊装区域内不应有障碍物。

（2）预制构件应按不同种类、吊装顺序合理摆放，并应在不同构件堆放之间布置 1m 作用的甬道方便人员走动，同时，堆放场地内应规划构件修补区与报废构件存放区。

（3）墙板宜升高离地存放，确保根部面饰、高低口构造、软质缝条和墙体转角等保持质量不受损；同时做好预制构件易损坏部位的成品保护（如叠合墙企口位置、外露钢筋、门窗洞口等）；外墙板与内墙板应采用专用存放架竖立插放或靠放。

图 5-6　水平构件码放

图 5-7　竖向构件码放

图 5-8　施工现场构件堆放

5.2　施工组织设计

与传统现浇施工相比，SPCS 结构体系在施工组织方面有着诸多不同点，需要建设单位、设计单位、施工单位、PC 生产工厂协同配合才能顺利完成项目交付。因此，施工组织设计应在充分考虑上述内容的情况下进行编制。

SPCS 装配整体式混凝土叠合结构的施工组织设计应该包括以下主要内容：

（1）编制依据

应注明施工组织设计所依据的图纸、标准。

（2）工程概况

应简要介绍工程项目的基本情况，包括：工程名称、工程地址、建设单位名称、施工单位名称、设计单位名称、简历单位名称、主要结构形式及开竣工日期、进度、质量、安全目标等。

（3）施工部署

包括人员组织、施工现场平面布置方案、施工工序与计划、材料物资采购计划、成本进度控制计划等（图 5-9）。

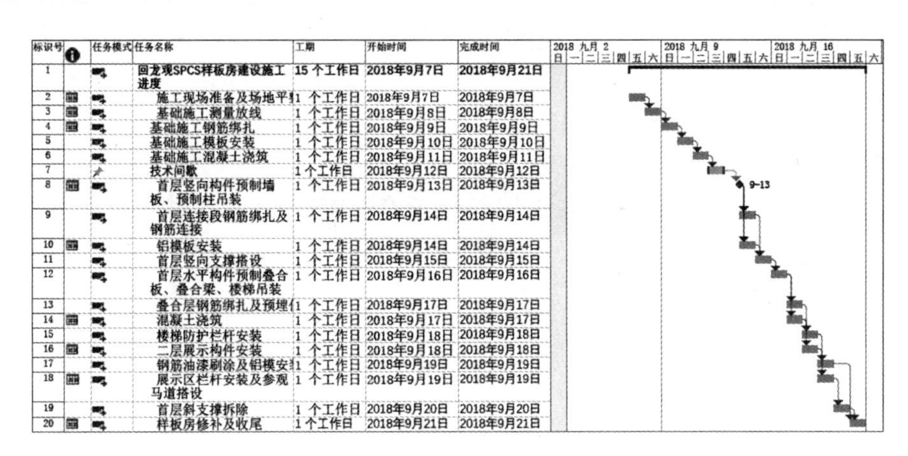

标识号	任务名称	工期	开始时间	完成时间
1	回龙观SPCS样板房建设施工进度	15 个工作日	2018年9月7日	2018年9月21日
2	施工现场准备及场地平	1 个工作日	2018年9月7日	2018年9月7日
3	基础施工测量放线	1 个工作日	2018年9月8日	2018年9月8日
4	基础施工钢筋绑扎	1 个工作日	2018年9月9日	2018年9月9日
5	基础施工模板安装	1 个工作日	2018年9月10日	2018年9月10日
6	基础施工混凝土浇筑	1 个工作日	2018年9月11日	2018年9月11日
7	技术间歇	1 个工作日	2018年9月12日	2018年9月12日
8	首层竖向构件预制墙板、预制柱吊装	1 个工作日	2018年9月13日	2018年9月13日
9	首层连接段钢筋绑扎及钢筋连接	1 个工作日	2018年9月14日	2018年9月14日
10	铝模板安装	1 个工作日	2018年9月14日	2018年9月14日
11	首层竖向支撑搭设	1 个工作日	2018年9月15日	2018年9月15日
12	首层水平构件预制叠合板、叠合梁、楼梯吊装	1 个工作日	2018年9月16日	2018年9月16日
13	叠合层钢筋绑扎及预埋	1 个工作日	2018年9月17日	2018年9月17日
14	混凝土浇筑	1 个工作日	2018年9月17日	2018年9月17日
15	楼梯防护栏杆安装	1 个工作日	2018年9月18日	2018年9月18日
16	二层展示构件安装	1 个工作日	2018年9月18日	2018年9月18日
17	钢筋油漆刷涂及铝模安	1 个工作日	2018年9月19日	2018年9月19日
18	展示区栏杆安装及参观马道搭设	1 个工作日	2018年9月19日	2018年9月19日
19	首层斜支撑拆除	1 个工作日	2018年9月20日	2018年9月20日
20	样板房修补及收尾	1 个工作日	2018年9月21日	2018年9月21日

图 5-9　SPCS 样板间施工计划

（4）施工准备

包括技术准备、施工现场准备、主要施工机具及材料等。

（5）主要项目施工方法

包括基础工程、柱体结构工程、屋面工程、装饰装修工程、暖通及给水排水工程、室外工程等施工方案。

（6）主要施工管理措施

包括质量管理措施、安全管理措施、文明施工措施、绿色施工措施。

5.3 工艺流程

SPCS结构体系施工工艺与传统现浇结构工艺流程有较大区别，主要特点在于吊装工作量大、塔吊使用频率高、现场湿作业、模板工程、钢筋工程量减少。同时，需要强调的是，SPCS结构体系采用叠合构件，故而不存在一般装配式结构施工中常见的灌浆工序，但对于钢筋连接、插筋的安放、构件吊装精度、构件间的钢筋连接提出了更高的要求。

5.3.1 施工工艺流程

装配整体式混凝土叠合结构施工工艺流程如图5-10所示。

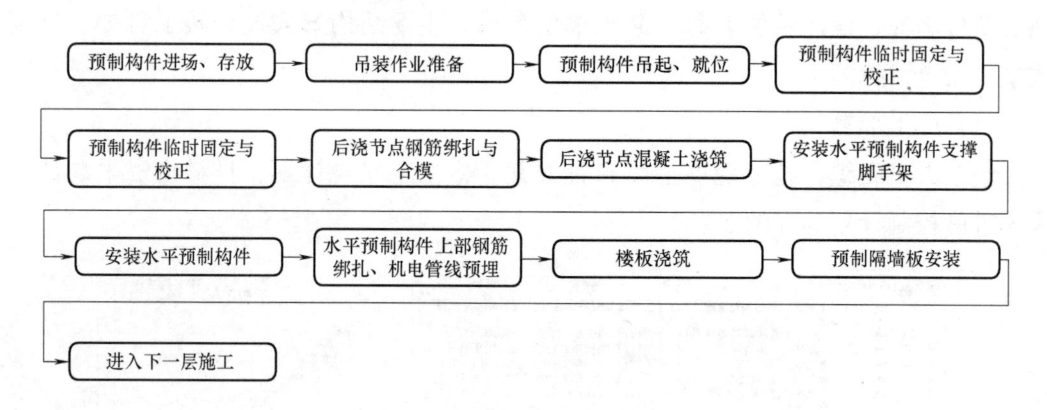

图5-10 装配整体式混凝土叠合结构施工工艺流程

5.3.2 施工步骤

1. 钢筋预埋

SPCS装配整体式混凝土叠合结构现浇基础、底板等施工工艺与传统工法相似，预制构件安装层的底板浇筑混凝土之前与预制构件连接的竖向钢筋应依据设计图纸事先预留并采用专用卡具进行固定，保证钢筋的间距、垂直度等（图5-11）。

预制层底板混凝土浇筑后即可进行SPCS结构体系PC构件吊装。

2. 双面叠合剪力墙施工工艺

（1）基层清理：安装预制叠合墙前，应清理结合面，并保持基面清洁。

（2）测量放线：测量放线人员使用全站仪在作业层混凝土上表面，弹设控制线以便安装墙体就位，包括：墙体及洞口边线；墙体平面位置控制线；作业层500mm标高控制线（混凝土楼板插进上，或其他竖向构件上）。见图5-12。

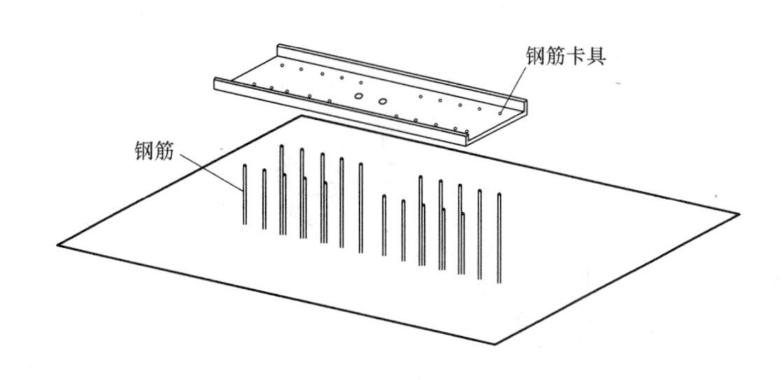

图 5-11　钢筋预埋

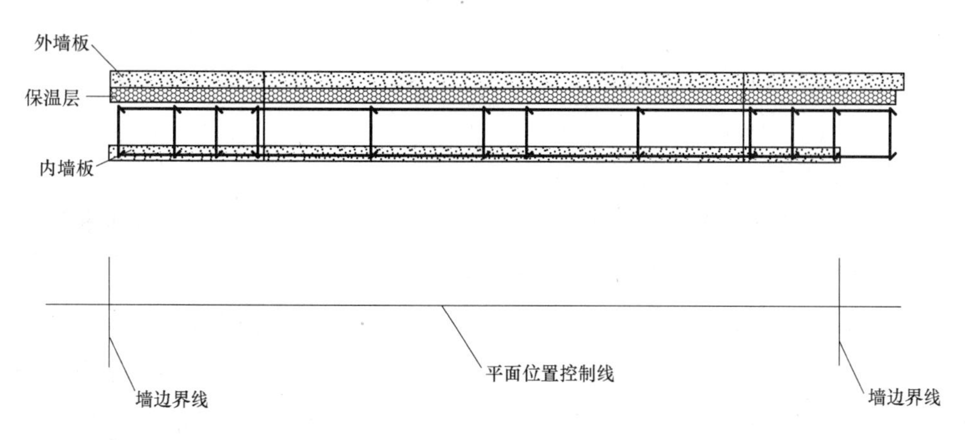

图 5-12　墙体测量放线

（3）预埋连接钢筋校正：双面叠合剪力墙的预埋连接钢筋主要包括墙板空腔叠合区间接搭接钢筋及后浇节点连接钢筋，首先应去除预留钢筋上的保护，并清洁预留钢筋，同时，采用专用钢筋卡具等检查预留钢筋的位置与尺寸，对超过允许偏差的钢筋进行校正处理。外露预留钢筋的位置、尺寸允许偏差应符合表 5-2 的规定。

外露预留钢筋位置尺寸表　　　　**表 5-2**

项　　目	允许偏差(mm)	检验方法
中心位置	+3 0	尺量
外露长度、顶点标高	+15 0	

（4）安装墙体标高调节垫片：叠合墙安装前，测量人员将预制件底部设计标高标注至预留钢筋处，施工人员依据设计标高放置垫片进行标高调节及找平，找平层通常设计为 20mm。垫片处的混凝土局部受压应按《钢筋套筒灌浆连接应用技术规程》JGJ 355—2015 第 6.3.4 条规定进行验算。垫片应放置在叠合墙预制墙体下方（图 5-13）。

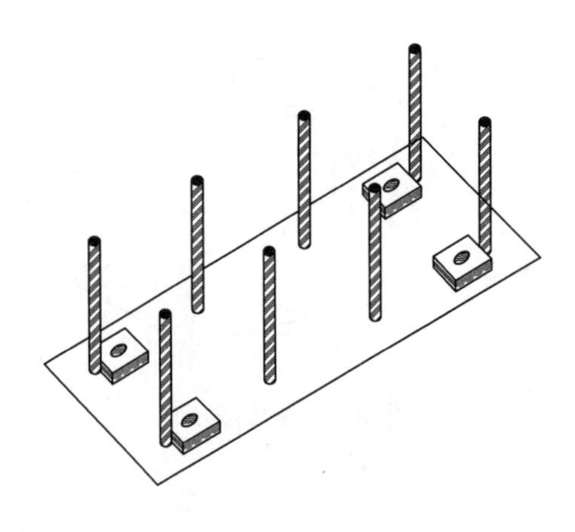

图 5-13　垫片找平

(5) 叠合墙板起吊、就位：

1) 预制叠合墙板吊装前，施工管理及操作人员应熟悉施工图纸，按照吊装流程核对构件类型及编号，确认安装位置，并标注吊装顺序。

2) 起吊预制叠合墙板宜采用专用一字型吊装钢梁，用卸扣将钢丝绳与外墙板上端的预埋吊环（或经设计确定格构钢筋吊装点）连接，并确认连接紧固。起重设备的主钩位置、吊具及构件中心在竖直方向上宜重合，吊索与构件水平夹角不宜小于 60°，不应小于 45°。起吊过程中，应注意预制外墙板板面不得与堆放架或其他预制构件发生碰撞。

3) 用塔吊缓缓将墙板吊起，待板的底边升至距地面 500～1000mm 时略作停顿，再次检查吊挂是否牢固，板面有无污染破损、裂纹或其他外观质量问题，若有问题需立即处理，且不得继续吊装作业。确认无误后，继续提升使之慢慢靠近安装作业面。

4) 当预制墙板吊装至在距作业面上方 500mm 左右的地方时略作停顿，施工人员可以用搭钩勾住两根控制绳索，通过拉拽方式使墙板靠近作业面，手扶墙板，控制墙板下落方向（图 5-14）。

5) 墙板缓慢下降，待到距离预留钢筋顶部 50mm 左右处时，调整墙板位置并对准地面上的控制线，同时，叠合区对准叠合区预留钢筋，将墙板缓缓下降，使之平稳就位（图 5-15）。

6) 墙板安装时应由专人负责外墙板下口定位，对线，并用靠尺板找直。安装首层外墙板时，应特别注意安装精度，使之成为以上各层的基准（图 5-16）。

7) 临时固定：双侧叠合墙采用斜支撑进行临时固定，固定时，每个预制叠合墙的支撑不应少于 2 道（短斜撑和长斜撑）。见图 5-17。

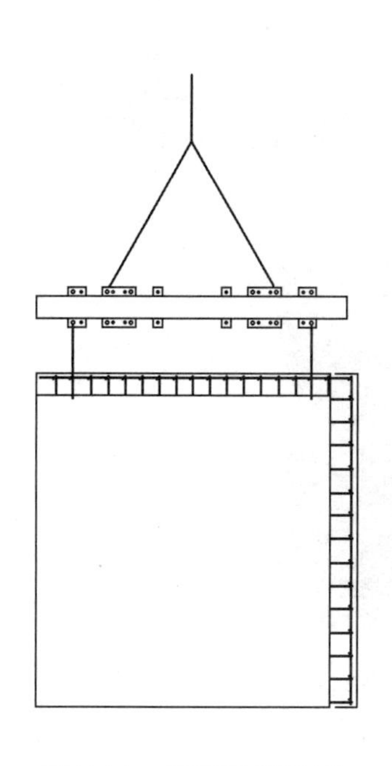
图 5-14　墙板吊装示意

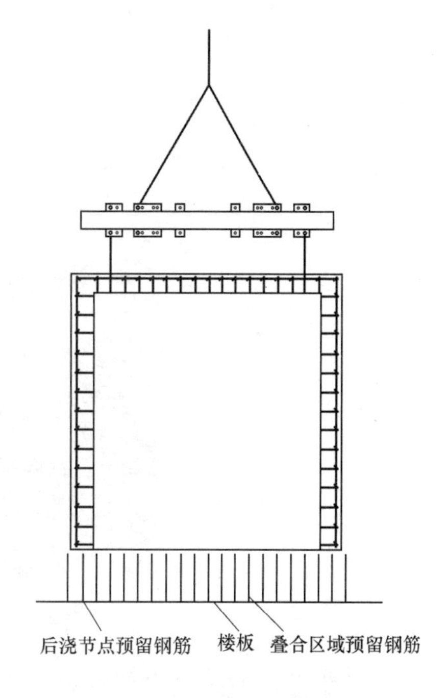

图 5-15　墙板下降示意

8）预制墙板的校正

预制墙板校正包括平面定位，垂直度等方面，如图 5-18、图 5-19 所示，具体措施如下：

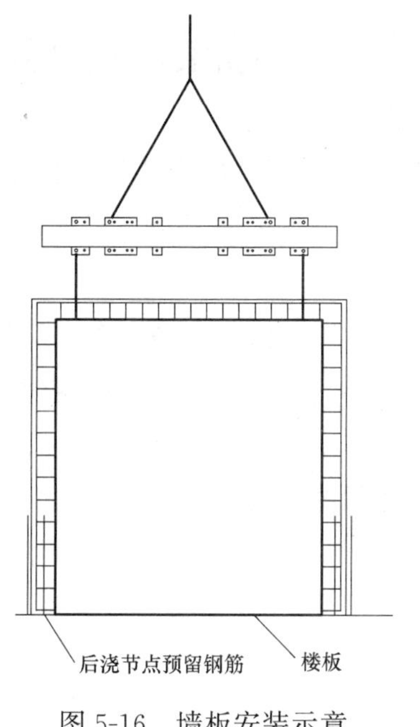

图 5-16　墙板安装示意

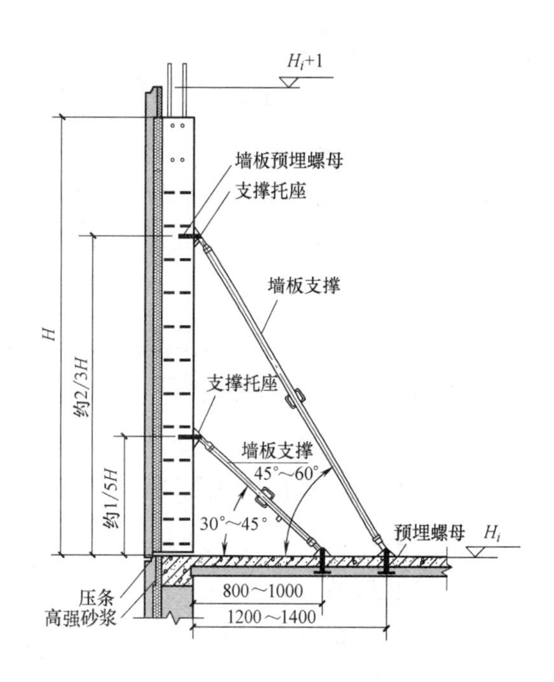

图 5-17　临时支撑

图 5-18　墙板安装垂直度检查

① 平行墙板长方向水平位置校正措施：根据楼板面上弹出的墙板位置线对墙板位置进行校正。校正工具通常有千斤顶或撬棍。在调整过程中，可结合调整工装，避免撬棍对墙板下口混凝土的损伤。一旦发现墙板损伤，必须进行有效修复以避免后期漏水隐患。

② 垂直墙板长方向水平位置校正措施：利用短斜撑调节杆，对墙板根部进行调节来控制墙板水平的位置。

③ 墙板垂直度校正措施：待墙板水平就位调节完毕后，利用长斜撑调节杆，通过调整墙体顶部的水平位移的调节来控制墙体的垂直度。

9）墙板垂直度检测：待墙板位置调整完毕后，使用垂直度检测尺对墙板长边与短边方向的垂直度进行确认，满足允许误差方可进入下一个施工环节。

（6）叠合剪力墙板间后浇节点钢筋绑扎：

双面叠合剪力墙的后浇节点的连接主要有一字型、L 型和 T 字型（图 5-20）。

预制叠合墙后浇节点的水平附加钢筋（插筋）、竖向连接钢筋的规格、数量、型号应参照设计图纸，钢筋绑扎应严格依据设计图纸加工、安装并与预留插筋有效绑扎。

后浇节点水平附加钢筋及竖向连接钢筋施工顺序如图 5-21～图 5-23：

1）安装墙板；

2）安装成型钢筋笼；

3）安装墙板内 U 型插筋。

（7）叠合外墙拼竖向接缝的堵缝：

叠合墙拼接缝位于建筑物外侧时，应在浇筑混凝土之前用 PE 棒做好堵缝工作，

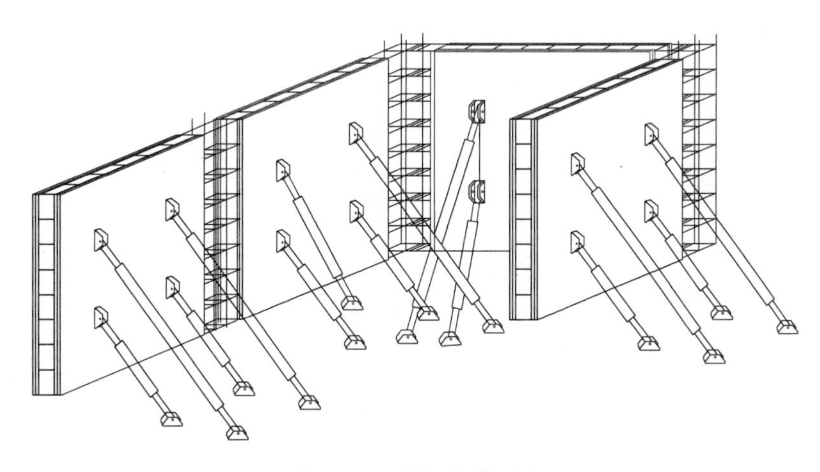

图 5-19　墙板安装示意

并于外墙外装施工时，填补结构胶或防水密封胶。如图 5-24 所示。

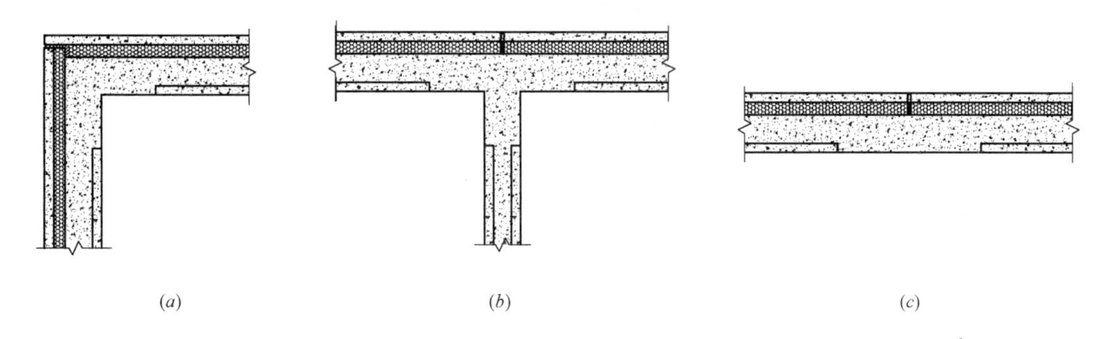

图 5-20　双面叠合剪力墙连接方式

（*a*）L 型；（*b*）T 字型；（*c*）一字型

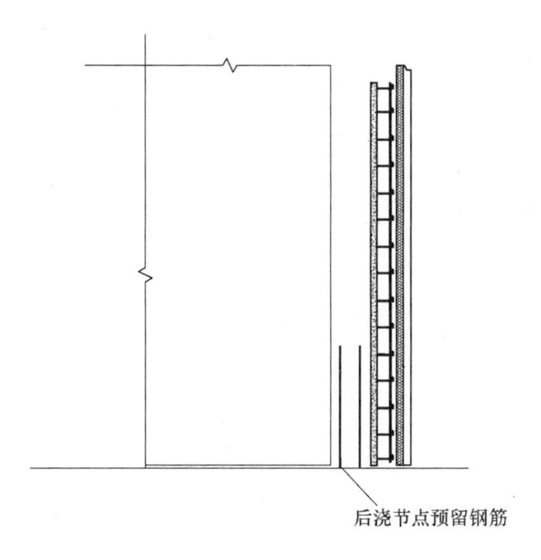

图 5 21　后浇节点钢筋施工—安装墙板

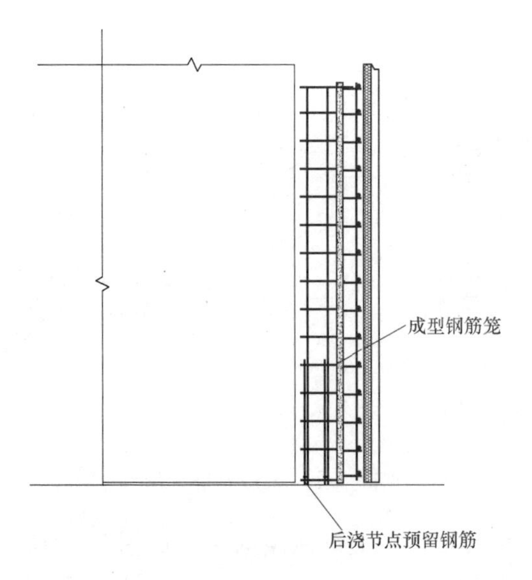

图 5-22 后浇节点钢筋施工—放置成型钢筋笼

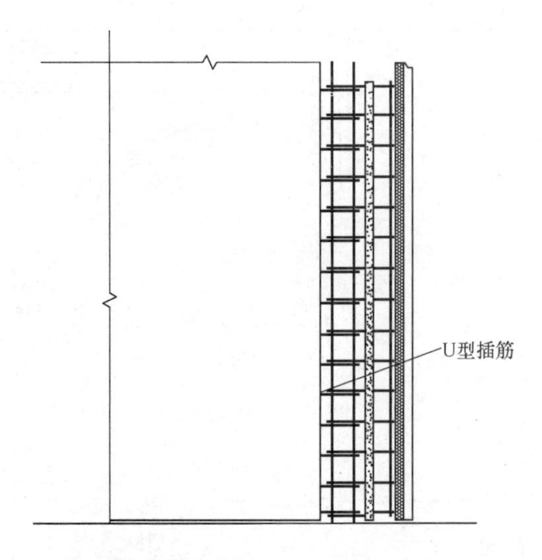

图 5-23 后浇节点钢筋施工—安装墙板内 U 型插筋

当拼接缝位于建筑物内侧时，直接支设模板。

(8) 叠合墙与楼板水平缝封堵：

叠合墙与下部楼板之间的缝隙通常为 20mm，可选用木方进行封堵。如图 5-25 所示。

(9) 后浇节点支模：

通常情况下，双面叠合剪力墙外墙均采用单侧支模法，利用预制墙板的外叶板做外模板，内页板预埋螺母，内侧铝模板与预制墙板内页板通过螺栓连接（图 5-26)。

对于双面叠合剪力墙的内墙板则采用内外侧双侧支模，通过墙板拼缝处及预制墙板留洞设置对拉螺杆。

（10）叠合区预留钢筋的安装：

待叠合板、梁安装后，楼板、梁钢筋绑扎前，应安装下一层叠合区预留钢筋，并用钢筋卡具进行固定。预留钢筋的规格、型号、数量、位置应严格依据设计图纸施工，如图5-27所示。

（11）叠合区与后浇节点的混凝土浇筑：

1）通常情况下，预制叠合墙空腔叠合部分与后浇节点同时浇筑且应使用自密实混凝土。浇筑前应进行隐蔽工程验收。

2）混凝土浇筑时，应对模板、支架及叠合墙进行观察和维护，发生异常情况及时处理。

3）混凝土浇筑完成后应及时进行养护并做好混凝土试块。

3. 叠合柱的施工工艺

（1）基层清理：安装叠合柱前，应清理结合面，并保持基面清洁。

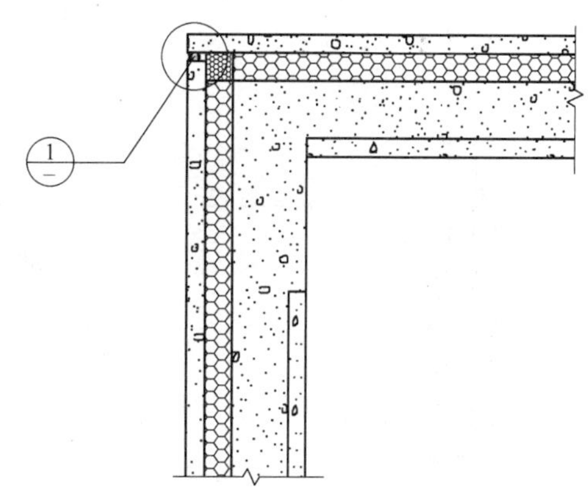

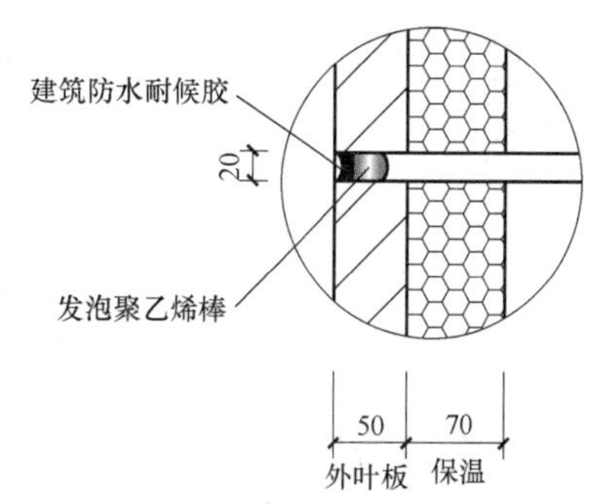

图5-24　叠合墙拼接缝节点图

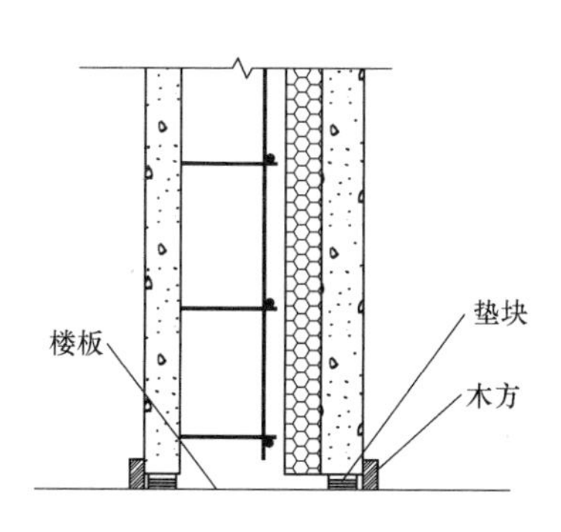

图5-25　叠合墙与楼板拼接缝示意图

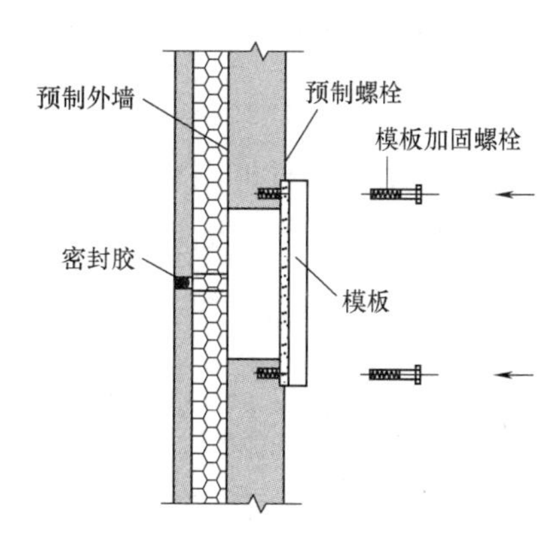

图5-26　后浇节点支模

（2）测量放线：测量放线人员通过全站仪在作业层混凝土上表面，弹设控制线以便安装叠合柱就位，包括：叠合柱边线，作业层500mm标高控制线。

（3）外露连接钢筋校正：首先应去除下层叠合柱预留钢筋上的保护，并清洁预留钢筋，同时，采用专用钢筋卡具等检查预留钢筋的位置与尺寸，对超过允许偏差的钢

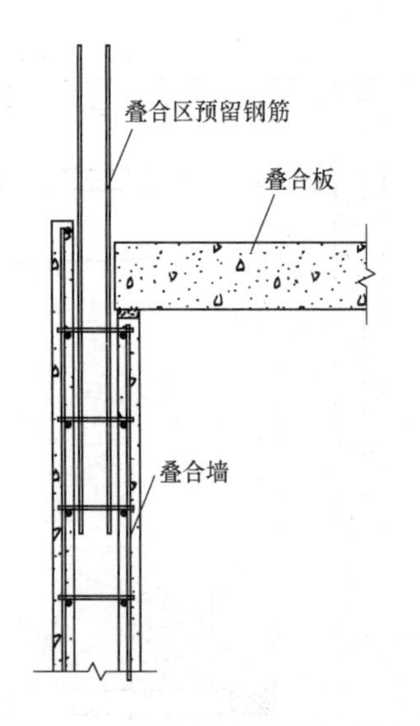

图 5-27　后浇节点混凝土浇筑

筋进行校正处理。外露预留钢筋的位置、尺寸允许偏差应符合表 5-2 的规定。

（4）叠合柱起吊、就位

1）叠合柱吊装前，施工管理及操作人员应熟悉施工图纸，按照吊装流程核对构件类型及编号，确认安装位置，并标注吊装顺序，并在柱体上，弹出标高控制线。

2）叠合柱的吊装宜采用专用吊装钢梁，用卸扣将钢丝绳与叠合柱上端的预埋吊环（或经设计确定的叠合柱箍筋吊装点）连接，并确认连接紧固。起重设备的主钩位置、吊具及构件中心在竖直方向上宜重合，吊索与构件水平夹角不宜小于 60°，不应小于 45°、起吊过程中，应注意预制对叠合柱的保护。

3）用塔吊缓缓将叠合柱吊起，待叠合柱的底边升至距地面 500～1000mm 时略作停顿，再次检查吊挂是否牢固，板面有无污染破损，若有问题需立即处理，不得继续吊装作业。确认无误后，继续提升使之慢慢靠近安装作业面。

4）当预制墙板吊装至在距作业面预留钢筋上方 500mm 左右的地方时略作停顿，施工人员可以用搭钩勾住两根控制绳索，通过拉拽方式使墙板靠近作业面，手扶叠合柱，控制叠合柱下落方向（图 5-28、图 5-29）。

5）叠合柱缓慢下降，待到距离预留钢筋顶部 50mm 处时，叠合柱应对准地面上的控制线，同时，叠合柱外露钢筋对准预留钢筋，将柱体缓缓下降，使之平稳就位并通过专用工装固定叠合柱同时调整叠合柱水平位置（图 5-30）。

6）临时固定：当柱体达到安装高度时，对叠合柱采用斜支撑进行临时固定，固定时，每个预制叠合墙的支撑不应少于 2 道（短斜撑和长斜撑）并同时在柱体两个垂直方向进行支撑。

（5）预制叠合柱的校正

预制叠合柱校正包括平面定位，垂直度等方面，如图所示，具体措施如下：

1）柱体水平位置校正措施：采用叠合柱专用定位工装设备或利用短斜撑调节杆，对柱体根部进行调节来控制柱体水平的位置。

2）柱体垂直度校正措施：待叠合柱水平就位调节完毕后，利用长斜撑调节杆，通过调整柱体顶部的水平位移的调节来控制柱体的垂直度。

3）钢筋连接：待柱体标高、位置均调整就位后，进行柱纵筋连接，叠合柱的外露钢筋通过直螺纹套筒或冷挤压套筒与下部预留钢筋连接。

（6）后浇节点的混凝土浇筑

1）叠合柱预制层下边缘与楼板面之间的后浇节点与叠合柱柱体空腔部分需现场浇筑混凝土，混凝土浇筑前，应进行隐蔽工程验收。

2）隐蔽工程验收后，对后浇节点处进行支模（图 5-31）。

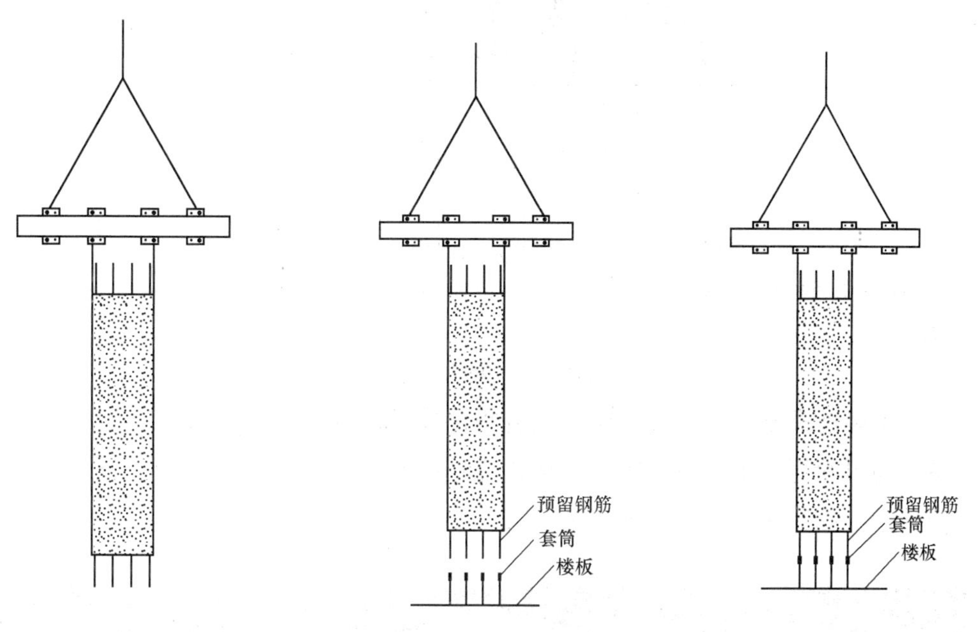

图 5-28　柱起吊示意图　　图 5-29　柱吊装示意　　图 5-30　柱纵筋连接示意

3）混凝土浇筑时，应对模板及支架进行观察和维护，发生异常情况及时处理。

4）混凝土浇筑完成后应及时进行养护并做好混凝土试块。

4. 叠合梁与叠合楼板的施工工艺

叠合板与叠合梁的安装过程中，应遵循先支撑，后安装梁，最后安装叠合板的顺序。

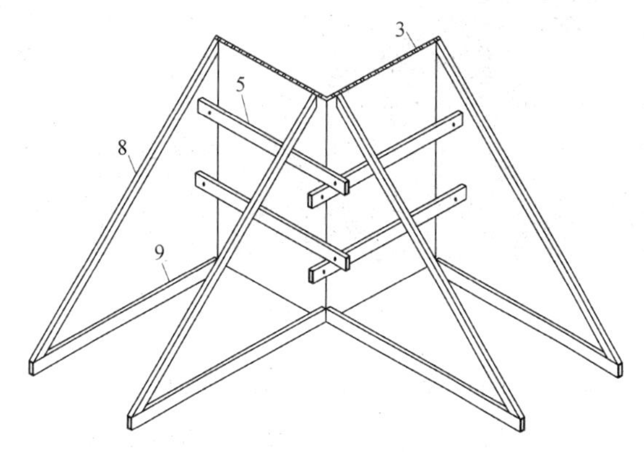

图 5-31　叠合柱后浇节点模板支设示意图

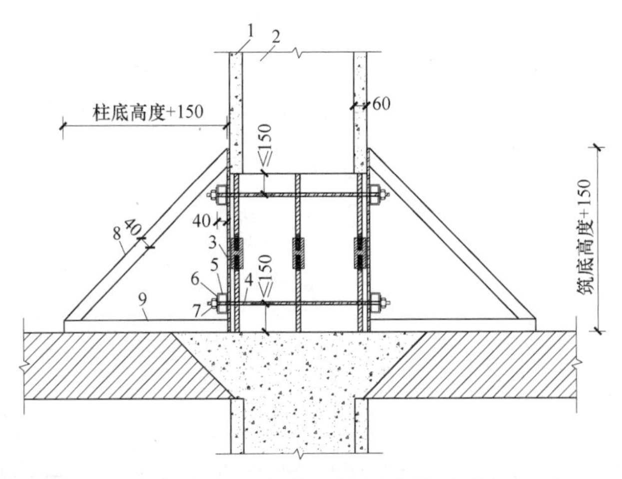

图 5-31　叠合柱后浇节点模板支设示意图（续）

1—叠合柱预制部分；2—现浇普通混凝土；3—5mm 厚钢模板；4—对拉螺栓；5—40mm×80mm×3mm 方钢管次龙骨；6—垫片；7—螺母；8—40mm×80mm×3mm 钢管斜支撑；9—40mm×80mm×3mm 钢管水平支撑；10—钢模板面板拼缝

（1）吊装前准备工作：叠合梁、叠合板的安装均需竖向支撑体系，选用合适的支撑体系并通过验算确定支撑间距、模板优先选用轻质高强的面板材料。支撑可采用碗扣架或独立支撑等多种支撑形式（图 5-32）。

图 5-32　叠合梁、叠合板竖向支撑搭设

预制叠合板、叠合梁吊装前，施工管理人员应核对构件编号，确认安装位置，标注吊装顺序。施工前应对吊点进行复核性的验算。同时对叠合板、叠合梁的叠合面与桁架钢筋、梁箍筋进行检查。

（2）基层清理：因叠合板会嵌入叠合梁、叠合墙，故叠合板安装前应清理安装部位的叠合墙、叠合梁等结构基层，做到无油污、污染。并对叠合墙、梁的预留钢筋进行位置校正，以便叠合楼板顺利就位。

（3）弹控制线：

1）拉支撑标高控制线：通过拉支撑标高控制线调整支撑高度，使其与梁底、板底标高吻合。

2）放叠合板、梁标高控制线：通过在叠合墙墙身、柱上放出的梁、板底标高控制线，检查预制墙、柱结合面的标高是否满足要求，对于超高的部分应采用角磨机将墙体超高部分切割掉，以保证叠合梁、叠合板顺利安装。

（4）预制叠合梁、叠合板安装：

1）预制叠合梁起吊时，宜采用一字型吊梁进行吊装，预制板吊装时，应选用框架吊梁进行吊装。同时使吊绳吊住梁、板预埋吊钩或桁架钢筋上指定的吊点位置（图5-33、图5-34）。

2）起吊时，先吊至距地面500～1000mm处略作停顿，检查钢丝绳、吊钩的受力情况及叠合梁、板下方有无裂缝等质量问题，确认无误后，保持叠合板、梁水平吊至作业面上空。

3）叠合梁、叠合板就位时，应从上向下垂直安装，并在作业面上空200mm处略作停顿，施工人员手扶叠合梁、板调整，将梁、板的边线与位置线对准，注意避免预制叠合板底板上预留钢筋与墙体或梁箍筋碰撞变形（图5-35、图5-36）。

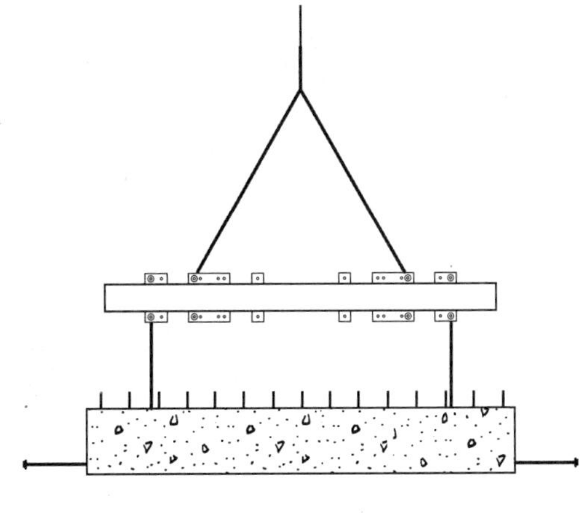

图5-33　梁吊装示意

（5）预制叠合梁、叠合板的调整

1）调整叠合梁时，可使用橡胶锤轻轻敲击梁侧对梁进行微调，调整板的位置时，宜采用楔形小木块嵌入调整，不宜直接使用撬棍，以避免损坏板边角。

2）叠合梁、板安装就位后，利用板下可调支撑调整预制叠合板底板标高。

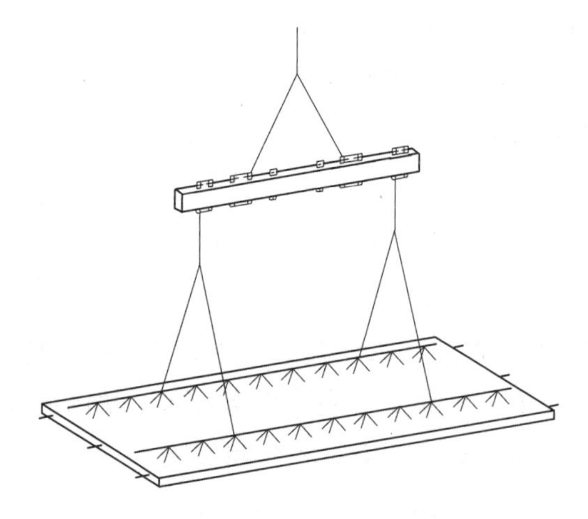

图 5-34　板吊装示意

图 5-35　预制梁安装

图 5-36　预制叠合板安装

3）预制叠合梁、板底板位置调整完毕后，摘掉吊钩。

（6）预制叠合梁、叠合板的组装方式

1）预制叠合梁与叠合墙、叠合柱的主要组装方式如图 5-37、图 5-38 所示。

2）预制叠合板与预制墙、梁的组合方式如图 5-39、图 5-40 所示，预制叠合板深入支座（叠合墙、叠合梁）的长度应符合设计要求。

3）预制板拼接方式：

预制叠合板按设计分为单向板和双向板，两块叠合板的拼接方式可有多种，但最常见的主要有：

① 单向板之间的密拼接缝，板缝上面一般采用腻子＋水泥砂浆封堵（图 5-41）。

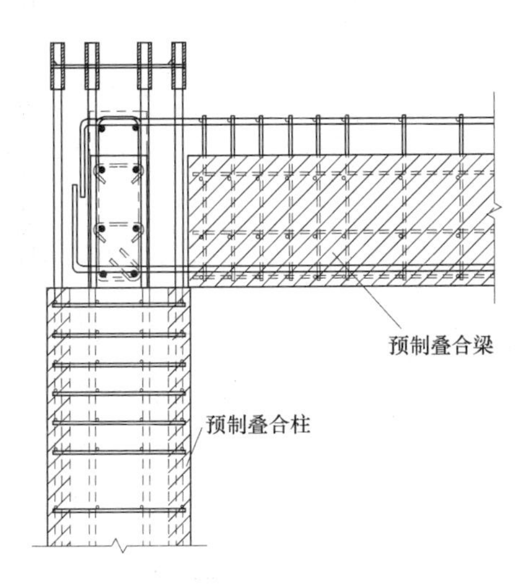

图 5-37　梁柱组合

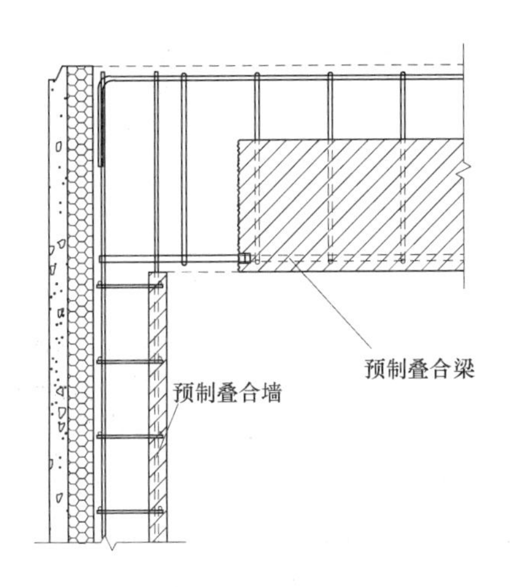

图 5-38　梁墙组合

② 双向板接缝宽度达到和超过 200mm 以上时，单独支设接缝模板及下部支撑（图 5-42）。

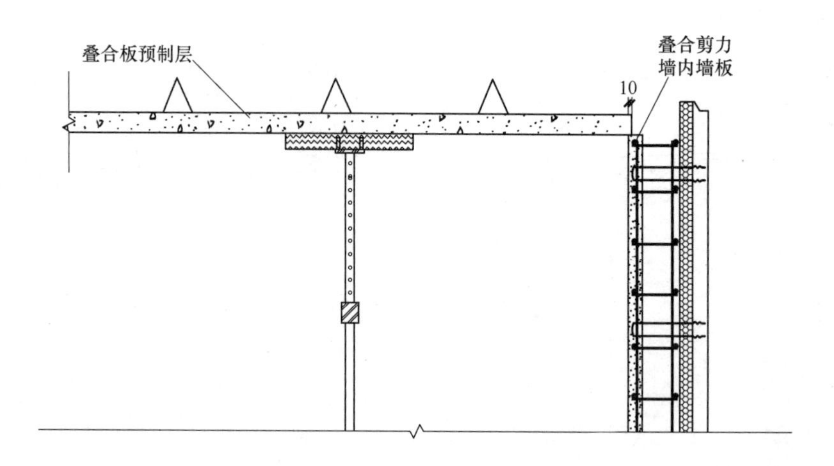

图 5-39　板墙组合

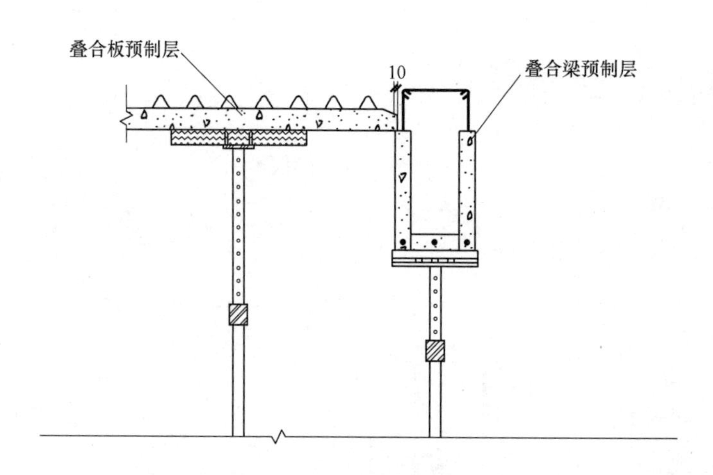

图 5-40　板梁组合

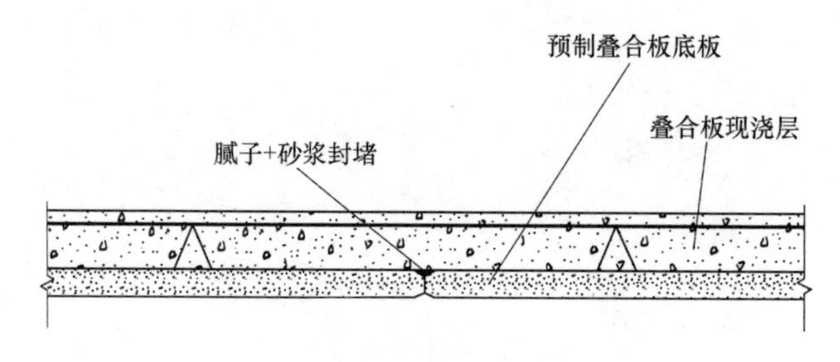

图 5-41　单向叠合板底板拼缝构造

5. 楼板结构现浇层施工

（1）机电管线铺设：叠合梁、叠合楼板安装之后，首先应铺设结构现浇层的机电

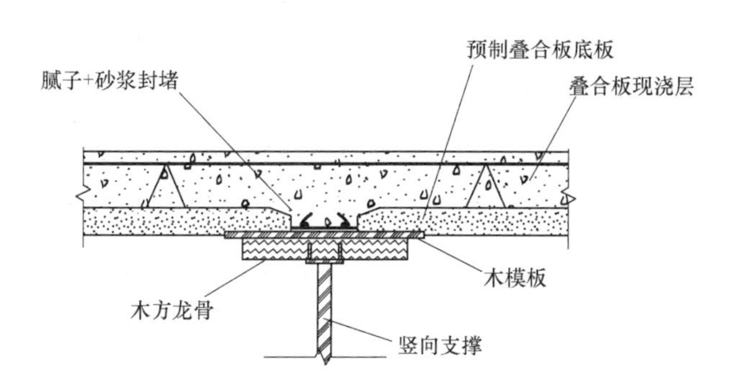

图 5-42　双向叠合板底板拼缝构造

管线。机电管线在深化设计阶段应进行优化，合理排布，管线连接处应采用可靠的密封措施（图 5-43）。

图 5-43　机电管线铺设

（2）现浇层钢筋绑扎、埋件安放及混凝土浇筑准备

叠合层钢筋绑扎前清理干净叠合板上面的杂物，并根据钢筋间距弹线绑扎，上部受力钢筋带弯钩时，弯钩向下摆放，应保证钢筋搭接和间距符合设计要求。具体施工操作方法详见传统施工工法。

（3）叠合层混凝土浇筑及养护

1）为使叠合层与预制叠合板板底结合牢固，混凝土浇筑前应清洁叠合面，对污染部分应凿去一层，露出未被污染的表面。

2）混凝土浇筑前，应采用定位卡具检查并校正预制构件的连接预埋钢筋，对浇筑混凝土前将插筋露出部分做好保护，避免浇筑混凝土时污染钢筋接头。

3）混凝土浇筑时，为保证预制叠合板板底受力均匀，混凝土浇筑宜从中间向两边浇筑。混凝土浇筑时，应控制混凝土入模温度。混凝土应连续浇筑，一次完成。

4）叠合构件与周边现浇混凝土结构连接处混凝土浇筑时，应加密振捣点，保证结合部位混凝土振捣质量。

5）混凝土浇筑完成后，做好养护。

6）混凝土初凝后，终凝前，后浇层与预制墙板的结合面应采取拉毛措施。

6. 预制楼梯的安装

楼梯安装工艺流程：测量放线→预埋锚钉复核→找平坐浆→楼梯吊装→校正→灌浆→成品保护。

（1）测量放线

预制楼梯吊装前，测量员使用全站仪与水准仪测量并弹出楼梯端部控制线、侧边的位置线及楼梯上下平台的标高线。

（2）锚钉复核

锚钉位置验收准确性直接影响楼梯的安装，可使用多功能检测尺进行快速检查及校正预埋锚钉，多功能检测尺能够快速、精准测出螺栓位置、垫片高度以及楼梯是否能正确安装（图 5-44、图 5-45）。

（3）坐浆及找平

楼梯板的上端和下端，每个端部应放置 2 组垫块，每组垫块均要测量标高，确保踏步水平。垫块总高 L 要求为 10mm≤L≤20mm。垫块放置完后，应立即用砂浆将垫块固定，防止垫块被移动。固定要求如下：垫块规格为 40mm×40mm×厚度，用胶带缠绕垫块成一个整体，用砂浆固定垫块四周。垫块的厚度为 1mm、2mm、5mm、10mm，组合使用。如图 5-46 所示。坐浆时应用木方条钉成一个框，或用木方条靠紧，形成坐浆区域，在有垫块的区域砂浆应距离垫块约 2cm，防止墙板坐落时，砂浆压溃到垫块上。

图 5-44　楼梯锚钉连接

（4）楼梯安装

方案一：预制楼梯采用水平吊装，用螺栓将通用吊耳与楼梯板预埋吊装内螺母连接，起吊前检查卸扣卡环，确认牢固后方可继续缓慢起吊。楼梯吊装点高差为 H，为

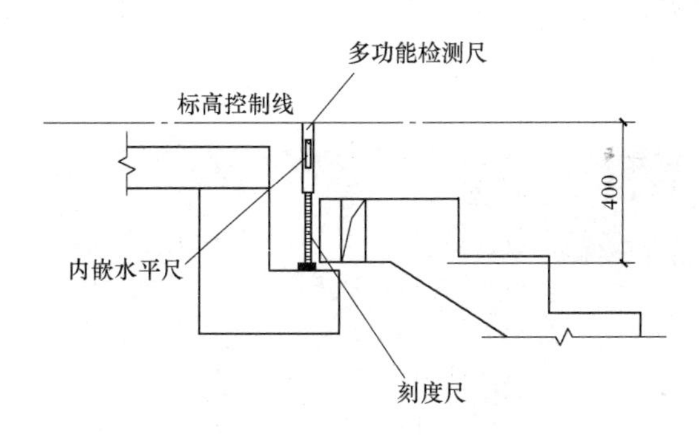

图 5-45　多功能检测尺标高检测

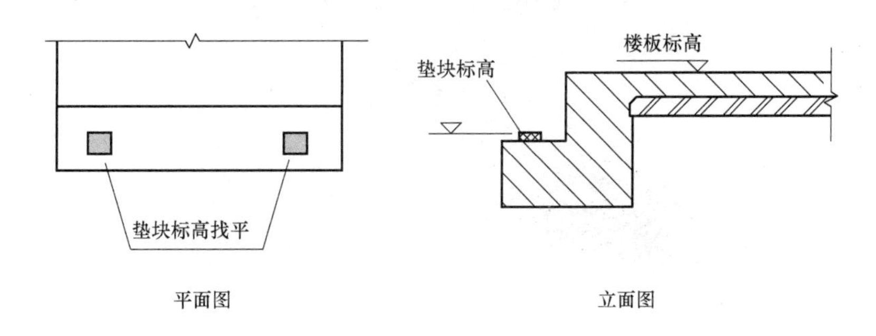

图 5-46　垫块找平

保证楼梯能进入楼梯间，吊装用钢丝绳必须保证高差为 H，预制楼梯板模数化吊装示意如图 5-47 所示。

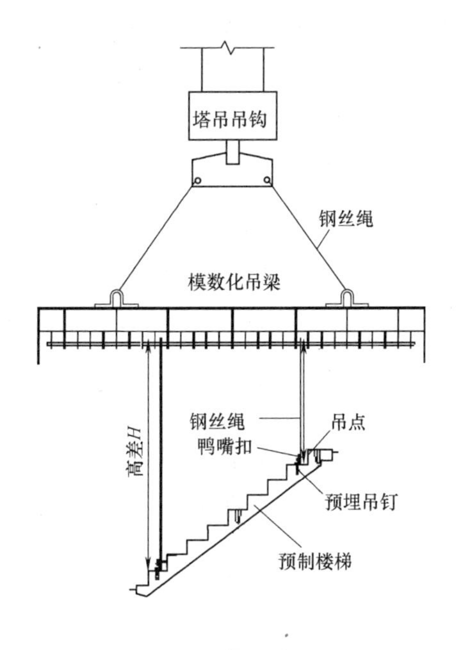

图 5-47　模数化吊梁

方案二：预制楼梯板挂钩方案采用吊链、手拉葫芦、卡扣、挂钩等组合起吊。如图 5-48 所示。

图 5-48　手拉葫芦吊

用塔吊缓缓将构件吊起，吊离地面 300～500mm 时略作停顿，检查塔吊稳定性、制动装置的可靠性、构件的平衡性、吊挂的牢固性以及板面有无污染破损，若有问题必须立即处理；起吊时使构件保持水平，然后安全、平稳、快速的吊运至安装地点。楼梯就位时，使上下楼梯的预埋锚钉与楼梯预留洞口相对应，边线基本吻合，人工辅助楼梯缓慢下落，基本落实后人工微调，使边线吻合，落实、摘钩。

（5）灌浆封堵

预制楼梯与钢梁的水平间隙除坐浆密实外，多余的空隙采用聚苯填充；预制楼梯与钢梁、休息平台的竖向间隙从下至上依次为聚苯填充、塞入 PE 棒和注胶，注胶面与踏步面、休息平台齐平，如图 5-49 和图 5-50 所示。

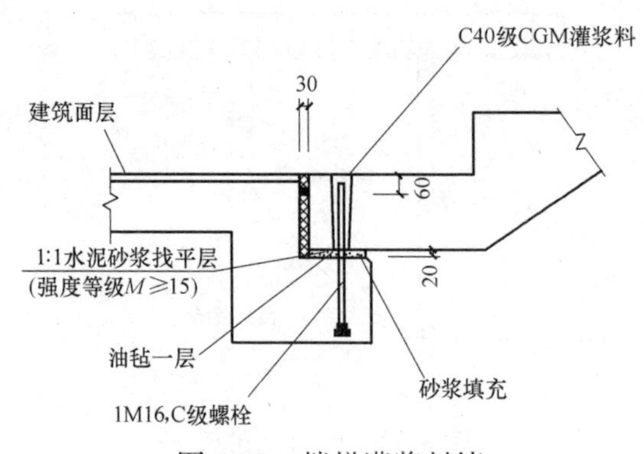

图 5-49　楼梯灌浆封堵

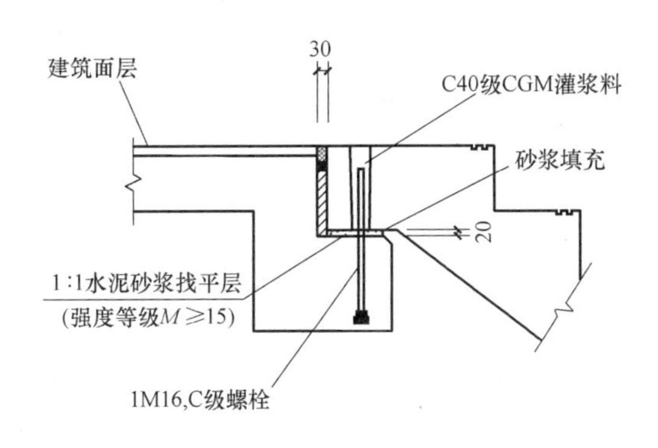

图 5-50　楼梯灌浆封堵

（6）成品保护

楼梯板安装完后，立即用木板对楼梯进行成品保护，防止楼梯板棱角、踏步等在施工中被损坏。防护如图 5-51 所示。

图 5-51　楼梯成品保护

5.4　质量标准

（1）装配整体式混凝土叠合结构施工后，其外观质量不应有一般缺陷。

检查数量：全数检查。

检验方法：观察，检查处理记录。

（2）装配整体式混凝土叠合结构施工后，预制构件位置、尺寸偏差及检验方法应符合设计要求；当设计无具体要求时，应符合表 5-3 的规定。预制构件与现浇结构连接部位的表面平整度应符合表 5-3 的规定。

检查数量：按楼层、结构缝或施工段划分检验批。在同一检验批内，对梁、柱和独立基础，应抽查构件数量的 10%，且不应少于 3 件；对墙和板，应按有代表性的自然间抽查 10%，且不应少于 3 间；对大空间结构，墙可按相邻轴线间高度 5m 左右划分检查面，板可按纵、横轴线划分检查面，抽查 10%，且均不用少于 3 面。

装配整体式混凝土叠合结构构件位置和尺寸允许偏差及检验方法　　表 5-3

项目			允许偏差(mm)	检验方法
构件轴线位置	竖向构件(叠合柱、叠合墙板)		8	经纬仪及尺量
	水平构件(叠合梁、叠合楼板)		5	
标高	叠合梁、叠合柱、叠合墙板楼板地面或顶面		±5	水准仪或拉线、尺量
构件垂直度	叠合柱、叠合墙板安装后的高度	≤6m	5	经纬仪或吊线、尺量
		>6m	10	
构件倾斜度	叠合梁		5	经纬仪或吊线、尺量
相邻构件平整度	叠合梁、叠合楼板底面	外露	3	2m 靠尺和塞尺量测
		不外露	5	
	叠合柱、叠合墙板	外露	5	
		不外露	8	
构件搁置长度	叠合梁、叠合板		±10	尺量
支座、支垫中心位置	叠合楼板、叠合梁、叠合柱、叠合墙板		10	尺量
墙板接缝宽度			±5	尺量

(3) 外墙板接缝的防水节点做法与防水性能应符合设计要求。

检查数量：节点做法全数检验。防水性能按批检验，每 1000m^2 外墙面积应划为一个检验批，不足 1000m^2 时也应划分为一个检验批；每个检验批每 100m^2 应至少抽查一处，每处不得少于 10m^2。

检验方法：观察检查，检查现场淋水试验报告。

(4) 装配整体式混凝土叠合结构中后浇节点混凝土结构的模板安装尺寸偏差应符合表 5-4 的规定。

检查数量：在同一检验批内，对叠合梁和叠合柱，应抽查构件数量的 10%，且不少于 3 件；对叠合墙和叠合板，应按有代表性的自然间抽查 10%，且不少于 3 间。

(5) 装配整体式混凝土结构现浇混凝土中的连接钢筋、预埋件安装位置与尺寸的允许偏差应符合表 5-5 的规定。

模板安装允许偏差及检验方法　　表 5-4

项　目		允许偏差(mm)	检验方法
轴线位置		5	尺量
底模上表面标高		±5	水准仪或拉线、尺量
截面内部尺寸	基础	±10	尺量
	叠合柱、墙、梁	±5	尺量
	楼梯相邻踏步高差	5	尺量
柱、墙垂直度	层高≤6m	8	经纬仪或吊线、尺量
	层高>6m	10	经纬仪或吊线、尺量
相邻模板表面高差		2	尺量
表面平整度		5	2m 靠尺和塞尺测量

注：检查轴线位置，当有纵、横两个方向式，沿纵、横两个方向量测，并取其中偏差的较大值。

检查数量：在同一检验批内，对叠合梁和柱，应抽查构件数量的 10%，且不少于 3 件；对墙和板，应按有代表性的自然间抽查 10%，且不少于 3 间。

连接钢筋、预埋件安装位置与尺寸的允许偏差及检验方法　　表 5-5

项　目		允许偏差(mm)	检验方法
连接钢筋	中心线位置	5	尺量检查
	长度	±10	
灌浆套筒连接钢筋	中心线位置	2	宜用专用定位模具整体检查
	长度	3,0	尺量检查
安装用预埋件	中心线位置	3	尺量检查
	水平偏差	3,0	尺量和塞尺检查
斜支撑预埋件	中心线位置	5	尺量检查
普通预埋件	中心线位置	5	尺量检查
	水平偏差	3,0	尺量和塞尺检查

注：检查预埋件中心线位置时，应沿纵、横两个方向量测，并取其中的较大值。

第6章 装配整体式叠合结构（SPCS）体系成本分析

SPCS 结构体系作为一种全新的装配式结构体系，它将叠合柱、叠合墙、叠合梁、叠合楼板融合到一起，既与传统现浇结构体系有较大区别又和目前主流的以灌浆套筒为竖向钢筋连接方式的装配式结构体系有着很大的区别。目前，SPCS 结构体系还处于试验和推广阶段，关于 SPCS 结构体系与现浇结构体系和其他的主流装配式结构体系的成本对比数据还不完善。但通过分析 SPCS 结构体系样板间的建设，我们可以对该结构体系进行成本分析。

6.1 成本分析

6.1.1 设计成本分析

根据国内外较为成熟的装配式结构建筑设计流程，装配式结构体系在设计过程中比传统现浇体系增加了构件拆分和深化设计的环节。因此，设计部分成本增加的部分主要包括：

(1) 预制构件拆分设计所增加的工作量；

(2) PC 构件深化设计所增加的工作量；

(3) 设计部门对构件深化设计图纸进行审核所增加的工作量；

(4) 针对 PC 构件脱模、吊装、运输等生产环节的复合计算工作量；

(5) 针对 PC 构件深化设计所编制的规范、图集等所增加的工作量。

根据统计，主流的装配式建筑设计环节所增加的费用约为传统设计费用的 20%～30%。SPCS 结构体系的拆分设计与深化设计工作量与主流装配式结构体系相似，故增加的费用也类似。

但设计成本也可以通过以下措施进行降低：

(1) 标准化设计。通过标准化可以提高设计效率，降低人工成本；

(2) 智能化设计。通过研发专有软件，实现构件自动拆分，提高效率，降低综合成本；

(3) 构建分工协作平台，实现专业化分工和协同。

6.1.2 制造成本分析

PC 构件的费用主要包含直接费用、间接费用、人工费用、管理费用、税费等。其中与传统现浇结构相比，增加最为显著的为PC工厂建设费用，根据目前市场价格估算，建设一个拥有两条PC构件生产线与一条钢筋生产线的PC工厂的建设费用约在5000万～8000万之间。除此之外，构件在生产制作环节费用增加和减少情况如下：

（1）模具摊销费用：与现浇结构相比，工厂预制构件全部采用钢模，以及大量固定预埋预留的工装，若构件周转率较低，则会增加费用。因此为避免费用增加，可在设计阶段提高构件的标准化从而提高模具的周转次数。

（2）劳动力：与现浇结构相比，装配式建筑可减少劳动力约20%～30%。

（3）预埋件与灌浆料费用：主流装配式建筑结构体系应大量使用灌浆套筒作为竖向钢筋连接的方式，从而增加套筒和灌浆料的费用。但SPCS结构体系不采用灌浆套筒连接技术，从而节约了该项费用。

（4）混凝土费用：PC工厂通常使用自己搅拌站拌制的混凝土来浇筑，相比商品混凝土能节省约10%的费用。

（5）构件运输费用：装配式结构施工增加了构件运输的费用。与一般装配式建筑结构相比，SPCS由于采用了叠合结构构件，构件重量减轻了40%～60%，运输费用大大减少。

（6）工厂管理人员费用：为生产出合格的PC构件，工厂需配备一整套完整的管理团队，从而增加管理费。

6.1.3　施工成本分析

相比传统现浇混凝土结构相比，SPCS结构体系在现在施工环节上有一定的费用减少，主要体现在：

（1）SPCS结构体系实现了免脚手架施工，水平结构只需要少量支撑，可节省大量支撑费用。

（2）SPCS结构中的外叶墙板全部为预制，只有内叶墙局部需要后支模板，因此，可节约外架保护费用，模板费用和相应的人工也有所减少。

（3）现场垃圾清运量大幅减少，现场脚手架。钢筋、模板等材料运输费用大幅减少。

（4）叠合结构在工厂加工时已最大限度的整合了钢筋，钢筋主要在工厂采用机械化加工，然后与混凝土共同制作成构件，现场的钢筋绑扎量大大减少。

而相比传统现浇混凝土结构，SPCS结构体系在施工环节增加的费用主要是：配合吊装工作的专业人员费用以及构件吊装需要的大吨位起重机购置费等。

6.2　SPCS结构体系成本展望

从目前主流装配式混凝土建筑施工成本核算情况来看，大约比现浇结构增加费用

10%～15%，但SPCS结构体系与主流装配式混凝土建筑相比，在以下方面可显著降低成本：

（1）SPCS结构体系不使用灌浆套筒与灌浆料。

（2）SPCS结构体系外墙只需单侧支设模板。

（3）SPCS结构双面叠合剪力墙墙体四周无出筋，配合全自动生产线与翻转台可大幅减少操作工人数量。整个车间仅有个位数的工人，即可生产出高质量的PC构件。

（4）采用免脚手架施工工法，结构施工便捷、高效，施工工期缩短。

（5）SPCS结构体系有利于实现结构与保温装饰一体化，工序减少，工业化程度更高。

因此，我们有充分的信心，SPCS结构体系在配合专业生产线的情况下能够达到与现浇混凝土结构持平或略低的成本，从而实现“更好、更快、更便宜”的建造愿景。

第 7 章　BIM 在 SPCS 结构体系中的应用

7.1　概述

BIM 的英文全称是 Building Information Modeling，即建筑信息化模型。一个完备的信息模型，能够将工程项目在全生命周期中各个不同阶段的工程信息、过程和资源集成在一个模型中，方便地被工程各参与方使用。通过三维数字技术模拟建筑物所具有的真实信息，为工程设计和施工提供相互协调、内部一致的信息模型，使该模型达到设计施工的一体化，各专业协同工作，从而降低了工程生产成本，保障工程按时按质完成。

BIM 技术对工程项目过程实行信息模型化处理，具有生命周期化，三维可视化，统一协同化，模拟信息化，出图便捷化等优势。而装配式建筑将建筑工业化，将工地变为一个大型装配工厂，两者结合能提高装配式建筑的效率，有效提高装配式建筑的地位，进一步实现建筑工业化。

BIM 技术引入到装配式建筑项目中，对提高设计生产效率，减少设计返工，减少工厂生产错误，保持施工与设计意图一致，乃至提高装配式建筑建设的整体水平具有积极的意义。

7.2　BIM 技术在装配式建筑设计阶段的应用

7.2.1　建模与图纸绘制

BIM 技术建模是在 3D 的基础上，将各构件参数录入至信息库中。所以，BIM 每一个图形单元都具有构件的类型，材质，尺寸等参数。所有构件都是由参数控制，因此消灭了图纸之间信息的不对称，不匹配的可能。BIM 模型建立后，可导出 CAD 图纸，由于采用 3D 建模，模型具有可视化，项目的各参与方皆能有效交流沟通，及时修订，相互配合，使工程项目建设更合理化。运用设计可视化，可以直观设计环境，复杂区域出图，图纸可以从模型中得到，减少“错漏碰缺”。

将设计完成的 BIM 模型上传到 BIM 平台上，通过 BIM 平台不仅能可视化的看到三维模型，更重要的能提取模型信息，利用这些信息指导后续设计、制造、施工、运营等过程。

7.2.2 协同工作

BIM最大的优势之一就是统一协同性，BIM为工程的各参与方搭建了一个可交互的平台，能够使各专业、各参与方协同工作。解决了常常因为信息不一致导致的问题，减少了大部分的返工及其设计变更。

7.2.3 工程量统计与造价管理

BIM是一个信息平台，相当于一个数据库，计算机可以读取数据库中的信息，准确的计算出工程量，减少人工操作，有效避免了由人工产生的误差，也使人员有更多精力处理其他事项。时间短，精度高，效率高也是运用BIM技术进行工程量计算的特点。

7.3 BIM技术在SPCS结构构件生产中的应用

7.3.1 构件模具生产制作

预制构件的模具生产商可以从BIM信息平台调取预制构件的尺寸、构造等，计算机读取信息并进行建模处理，生产商根据信息制造出精度高的模具。

7.3.2 预制构件生产制作

预制构件生产商可根据BIM平台上的信息开展有计划地生产，并且将生产情况及时反馈到BIM信息平台，以便于让施工方了解构件生产情况，为之后的施工做好准备及计划。

从BIM平台获取的BIM模型数据还包含了钢筋加工设备数据，生产数据导出后传递到中控系统，利用预制构件模型信息直接接力数控加工设备，自动化进行钢筋分类、钢筋机械加工、构件边模自动摆放、管线开洞信息达到无纸化施工。BIM数据与自动化流水线进行无缝对接，实现工厂流水线的高效运转。

装配式建筑在管理过程中的核心为BIM与RFID（无线射频技术）相结合。RFID是一种非接触式，可以远程读取的无线电波通信技术。RFID可运用于预制构件的识别管理，将预制构件的信息及时采集传达回信息中心，以便于各个阶段的人员读取信息。通过BIM平台实现各方协同互通。

7.3.3 构件运输管理

一般在预制构件的运输管理过程中，通常在构建运输的车辆上安装RFID芯片，对预制构件车辆采集信息，实时跟踪，收集车辆的信息数据。根据预制构件的尺寸，选择与之相适应的运输车辆，依照施工顺序安排构件运输顺序，加快工程进度。在路线选择上寻找最短路径，降低运输费用。

7.4　BIM技术在装配式建筑施工阶段的应用

7.4.1　施工阶段构件管理的应用

装配式建筑大部分由预制部分拼装而成，因此构件的种类繁杂、数量庞大，在施工过程中需要系统性的管理，否则很容易出现漏用、错用、丢失等情况出现，引进BIM技术是很有必要的。

在施工阶段主要使用RFID技术和BIM技术对构件进行实时的追踪和控制。在构件制作和运输阶段，RFID技术主要负责对繁杂构件信息的实时反馈工作，BIM技术负责提供模型数据基础。在工厂生产构件过程中将RFID编码植入构件中，RFID编码主要包括构件代码、数量编号、位置属性、项目代码及扩充区等信息。构件内所植入的RFID编码具有唯一性，同类型的各个构件之间的体编码是相互联系且可阅读的，扩展区和位置属性提供了构件的具体信息，这样便于构件的运输和分配。施工过程中无需工作人员进行信息录入，避免了可能的失误并降低运营成本。构件入场时，BIM根据施工现场具体情况，模拟各个构件的具体安放位置，分配运输车次及运输路线，并且根据施工进度计划模拟构件的运输顺序。运输车辆驶入现场时，通过门禁系统中设置的RFID阅读器，由工作人员核对无误后进场。RFID阅读器再将构件的所处位置和基本信息传输到BIM中，保证施工区域与模型放置位置一致。现场施工阶段中，BIM技术指导安装过程并且实时更新，提供各种机械的使用及吊装线路的选择。整个施工过程，BIM技术会将构件管理情况收录至数据库，并用于信息共享交流，为下面工程施工提供数据支持。

7.4.2　施工仿真模拟的应用

施工阶段可利用BIM技术进行装配吊装的施工模拟仿真，实时优化施工方案及施工流程，确保构件位置准确，实现构件的高质量安装。利用BIM技术优化施工现场场地的具体布置，包括塔吊、车辆、构件等位置合理布置，优化场内临时道路及车辆运输次序和路线。在施工阶段前，利用BIM技术可以实现具体可视化的技术交底，通过三维展示，更加直观、高效的与各部门沟通。

7.4.3　施工质量成本的应用

在施工阶段中，利BIM技术将施工中用到的各个构件与施工具体进度计划连接，将“3D-BIM”模型转换成“4D-BIM”可视化模型，实时追踪与监控施工进展程度。在这个基础上再做扩张引入资源维度，形成“5D-BIM”模型，涵盖了施工过程及资源投入情况，对进度、成本、质量实现动态管理。

7.4.4 施工安全的应用

利用BIM技术对施工现场进行模拟时，可以完整的考虑到施工过程中可能存在的安全隐患如高空作业、大型构件的安装等，提前预报可能遇到的危险，并进行实时反馈。

7.5 BIM技术在运营维护阶段的应用

互联网技术的发达，给BIM技术运用于装配式建筑运维阶段提供可靠基础。火灾、地震等突发事件出现时，使用BIM信息模型界面，可自动触发警报装置提醒居民，并准确定位灾害的发生位置，可及时提供疏散人群和处理灾情的重要信息。在装配式建筑及设备后期维护方面，运维管理人员可直接通过BIM模型调取相关破损构件信息，直接了解并针对性的维修，减少运营成本。运维人员再利用提供的信息找到预制构件内部的RFIP标签，获取保存其中信息包括生产、运输、安装及施工等人员的相关信息，责任归属明确，质量有保证。

第8章　发展展望

装配式建筑是将传统粗放的建造模式改变为以工厂制造为主，结合工业化、信息化、智能化技术的新型建造模式，是建筑产业现代化发展的方向。随着我国装配式建筑的深入发展，其在提高建造效率、提升建造质量、改善建造环境、可持续发展以及缩短建造周期方面的优势越来越凸显出来。

随着近几年装配式建筑产业的蓬勃发展，我国逐渐发展出了装配整体式和全装配式两种主要的结构体系，其中因装配整体式结构体系抗震性能明显优于全装配式，同时又能充分发挥预制建筑构件的优势而得到了长足的发展。本书所述的装配整体式混凝土叠合结构SPCS便是在装配整体式结构体系基础上，突破了竖向叠合结构技术，将叠合构件（主要是叠合梁、叠合板、叠合墙以及叠合柱）有效的组合，形成了装配整体式混凝土叠合结构技术，在以下方面具有创新：

叠合双面剪力墙通过全自动生产设备进行制造，能够大幅减少生产线人工数量，从而降低生产成本。

SPCS结构体系能够大幅减少施工现场的模板用量，从而有效节约大量的资源。

在SPCS预制构件生产中及施工现场使用成型钢筋网片焊接技术和钢筋笼成型技术将大幅提高生产效率。

实现了免脚手架施工，大大提高了施工效率。

有利于实现结构与保温装饰一体化。

当然，就目前的技术而言，SPCS结构体系尚存在一些不足，如叠合柱和叠合墙中间现浇部分混凝土的检测存在一定难度，又如因为叠合柱间的纵筋连接需通过钢筋套筒，从而对生产精度要求较高。但通过建筑检测技术的不断完善以及生产精度控制技术的不断改进，SPCS装配整体式叠合结构体系在目前应用中遇到的一些问题必将得到解决。

展望未来，因我国对建筑抗震性能以及预制构件节点连接可靠性方面的需求，SPCS装配整体式混凝土叠合体系因其特有的优势必将得到广泛的应用。

参考文献

［1］ 混凝土结构设计规范 GB 50010—2010（2015 年版）

［2］ 装配式混凝土结构技术规程 JGJ 1—2014

［3］ 高层建筑混凝土结构技术规程 JGJ 3—2010

［4］ 建筑结构荷载规范 GB 50009—2012

［5］ 自密实混凝土应用技术规程 JGJ/T 283—2012

［6］ 钢筋焊接网混凝土结构技术规程 JGJ 114—2014

［7］ 钢筋机械连接技术规程 JGJ 107—2010

［8］ 民用建筑工程室内环境污染控制规范 GB 50325—2010

［9］ 建筑内部装修设计防火规范 GB 50222—2017

［10］ 建筑抗震设计规范 GB 50011—2010

［11］ 钢结构设计规范 GB 50017—2017

［12］ 混凝土结构工程施工规范 GB 50666—2011

［13］ 混凝土结构工程施工质量验收规范 GB 50204—2015

［14］ 钢结构焊接规范 CB 50661—2011

［15］ SP 预应力空心板技术手册 99ZG408

［16］ SP 预应力空心板 05SG408

［17］ 钢筋锚固板应用技术规程 JGJ 256—2011

［18］ 装配式混凝土结构工程施工与质量验收规程 DB11/T 1030—2013

［19］ 预制混凝土构件质量验收标准 DB11/T 968—2013

［20］ 李青山. 装配式混凝土建筑——结构设计与拆分设计 200 问. 北京：机械工业出版社，2018

［21］ 郭学明. 装配式混凝土结构建筑的设计、制作与施工. 北京：机械工业出版社，2017

［22］ 李雷，韩豫，马国鑫，孙昊，鲁开明. 基于 RFID 的施工设备智能管理系统设计. 施工技术，2018，47（03）

综 合 评 分 与 评 价 结 论
综合评分：90.89 评价结论： 2018 年 9 月 29 日，中科合创（北京）科技成果评价中心在北京组织召开了由三一筑工科技有限公司、湖南三一快而居住宅工业有限公司、中国建筑科学研究院有限公司共同完成的“混凝土结构叠合建造成套技术”科技成果评价会。与会专家听取了汇报，查看了示范工程，审阅了资料，经质询、讨论，形成如下评价意见： 1. 项目提供的技术资料齐全翔实，符合科技成果评价要求。 2. 项目组针对混凝土结构叠合建造开展了系列研究，形成了涵盖工程设计、装备研制、制造工艺和工程施工的成套技术，其中主要创新点如下： （1）研发出焊接钢筋网及钢筋骨架的叠合剪力墙和叠合框架结构体系，并提出了基于焊接钢筋网片结构的“SPCS 结构体系”设计方法； （2）开发形成了叠合混凝土结构墙、柱、梁、板等生产工艺方法，研制了叠合剪力墙生产、叠合柱整体成型、焊接钢筋笼成型和钢筋套筒挤压等设备，实现了预制构件全自动化生产，其中方型叠合柱离心法制造属国内外首创； （3）研发形成了叠合混凝土结构快速安装施工技术、叠合混凝土结构焊接成型钢筋笼安装施工技术等施工工法，实现了混凝土结构叠合建造。 3. 该成果集设计、装备、生产、施工于一体，可大量减少现场工作量，结构整体性好，综合效益显著，具有广泛的推广应用前景；现已受理专利 93 项，其中发明专利 24 项，实用新型专利 69 项，已授权专利 2 项，出版专著 1 部。 评价委员一致认为，混凝土结构叠合建造成套技术达到国际先进水平，其中方型叠合柱离心法制造技术达到国际领先水平。 评价负责人签字：[illegible] 2018年 9月 29日

评价咨询专家名单				
姓　名	工作单位	职务/职称	从事专业	签　字
叶可明	上海市建交委科技委	院　士	建筑工程	[illegible]
肖绪文	中国建筑业协会	院　士	工民建	[illegible]
娄　宇	中国电子工程设计院有限公司	教授级高工	建筑工程结构设计及研究	[illegible]
马　涛	北京市建筑设计研究院有限公司	设计总监	结构工程	[illegible]
肖　明	中国建筑标准设计研究院有限公司	高级工程师	结构工程	[illegible]
蒋世林	同圆设计集团有限公司	研究员	结构工程	[illegible]
纪颖波	中国建筑学会建筑产业现代化发展委员会	教　授	建筑工业化与信息化管理	[illegible]
韩　飞	北方工业大学	教　授	材料成型及控制工程	[illegible]
刘玉明	北京交通大学	教　授	工程经济	[illegible]

评价指标和评分（技术开发类）	
技术创新程度	22.89
技术经济指标的先进程度	18.11
技术难度和复杂程度	9.13
技术重现性和成熟度	13.40
技术创新对推动科技进步和提高市场竞争能力的作用	9.22
经济或社会效益	18.13
评分结果	90.89